U0178845

史 前 时 期 与 人 类 进 化 史

共情力的起源

〔西班牙〕罗伯特·萨埃斯·马丁 著 黎 妮 郑洪威 译

EVOLUCIÓN HUMANA:
PREHISTORIA Y ORIGEN DE LA
COMPASIÓN

中央编译出版社
Central Compilation & Translation Press

图书在版编目 (CIP) 数据

 共情力的起源：史前时期与人类进化史 / (西) 罗伯特·萨埃斯·马丁著；黎妮，郑洪威译 .—北京：中央编译出版社，2024.1
 ISBN 978-7-5117-4417-3

 I. ①共… II. 罗…②黎…③郑… III. ①人类进化—历史 IV. ① Q981.1

 中国国家版本馆 CIP 数据核字（2023）第 255775 号

著作权合同登记号：图字 01-2020-3089

© Roberto Saez Martin 2019

© Editorial Almuzara, s.l., 2019

The simplified Chinese translation rights arranged through Rightol Media
（本书中文简体版权经由锐拓传媒取得 Email: copyright@rightol.com）

共情力的起源：史前时期与人类进化史

责任编辑	翟 桐
责任印制	李 颖
出版发行	中央编译出版社
网 址	www.cctpcm.com
地 址	北京市海淀区北四环西路 69 号（100080）
电 话	（010）55627391（总编室） （010）55627302（编辑室） （010）55627320（发行部） （010）55627377（新技术部）
经 销	全国新华书店
印 刷	山东韵杰文化科技有限公司
开 本	880 毫米 × 1230 毫米 1/32
字 数	83 千字
印 张	5
版 次	2024 年 1 月第 1 版
印 次	2024 年 1 月第 1 次印刷
定 价	58.00 元

新浪微博：@ 中央编译出版社 微 信：中央编译出版社（ID：cctphome）
淘宝店铺：中央编译出版社直销店（http://shop108367160.taobao.com）（010）55627331

本社常年法律顾问：北京市吴栾赵阎律师事务所律师 闫军 梁勤
凡有印装质量问题，本社负责调换，电话：（010）55627320

献给

克里斯蒂娜

还有阿尔瓦罗、贝伦、冈萨罗

我希望你们对古代人类能多一点点好感

致谢

2018 年 10 月我在马德里国家自然科学博物馆作了一场题为《怜悯前史》的讲演。讲演结束后，我与几位同仁一起聊天，这时一位听众彬彬有礼地向我走来，碰碰我的胳膊，对我说："你一定要把讲的这些写成一本书啊！"过后，他又很礼貌地离开了，跟他来的时候一样。我首先要感谢这位未透露姓名的神秘嘉宾。当时我觉得这个想法很好，头脑中对已开展了数月的工作也有了一个梗概。

几天后，阿尔瓦罗·马蒂内斯·德尔波索（Álvaro Martínez del Pozo）同样也鼓励我写这样一本书，这一次真正在思想上触动了我。在整个撰写过程中，他一直用乐观和真诚的态度鼓励我，并耐心地陪伴我。感谢梅特·维拉尔巴·迪亚兹（Mayte Villalba Díaz）和阿尔瓦罗（Álvaro）一直以来对这个想法的支持，还有他们从作家和学者角度提出的宝贵建议。

感谢安东尼奥·罗德里格斯·希达尔戈（Antonio Rodríguez-Hidalgo）从项目一开始便鼎力协助，校对文本；还经常多角度地交流自己对人类认知演变的看法，激励我采用不同的研究方法。

感谢安东尼奥·罗萨斯（Antonio Rosas）对本书给予的积极评价，这是莫大的支持；更要感谢他在百忙之中抽出时间阅读书稿。

感谢伊娃·洛佩兹·瓦尔德斯（Eva López Valdés）为"大脑的再构"一章提供的笔记。这一章的主题十分复杂，她的指导极其宝贵。

感谢何塞·玛丽亚·贝穆德斯·德·卡斯特罗（José María Bermúdez de Castro）授权我引用图表文献。更要感谢他唤起了我对人类进化领域的兴趣，不然，这本书也就不存在了。

感谢曼努埃尔·西拉（Manuel Seara）对手稿的热情推荐。

最后，还要感谢我可敬的妻子克里斯蒂娜（Cristina）和可爱的孩子们：阿尔瓦罗（Álvaro），贝伦（Belén）和冈萨罗（Gonzalo）。感谢他们无限耐心和无条件地支持。

目 录

第一章

我们为什么会对同理心感兴趣？

一些史前题材的优秀纪录片尝试借助电脑设备、自然景观和演员演绎等制作影像，以重现我们祖先的生活。因为这些影片具有教育意义，所以要尽可能地考虑科学性。这些作品常常展现系列场景，有时候是静态影像，展现祖先们一成不变的生活。那时的人类群体努力地完成有理有序的任务，为了获取利益有时候也要冒一定的风险。可以说，纪录片脚本从某种程度上展现出了史前生活方式简单和注重实用的特点。我们可以设想纪录片的某一个片段：有一群人，手里握矛，相互协助一起寻找、追捕和捕获猎物。影片里或许会同步解释：因为大脑耗能越来越大，所以肉类是他们每日膳食所需；或者说，他们长期生存所依靠的技术越来越有效，越来越成熟。然而，这些人身上，应该还有些其他的东西，令我们怀念……

此外，也有一些反映史前生活的电影，若缺乏科学性，文艺性略强一些，便容易遭受非议。事实上，这些片子恰恰讲述了另一类故事。还是同一群人，身遇险境，应对由极端环境造成的各种突发情况，在那样的条件下，虽然他们不是单纯的动物，但他们对自然环境的控制力又很有限。这些人不断学习，积累经验，交流一切习得的知识。他们对团体、对大自然充满感情，制造有用的工具和其他一些非功能性物品，并赋予其象征性意义，还能让同伴理解这层意义……那么，观看影片的观众在某种意义上也体验了这种情感，与荧幕上的人类产生了共情。

很可能，一位观众某天就曾经不假思索而无私地帮助过他人，例如，上前给残疾人士开门或者起身给老年人让座这样的小举动。在人生的某个时段，他曾驻足观看公路上的一个事故，或者身陷某种危险境地；又或者投身于某个事件。在特定条件下，当超出人类极限的困难影响到我们时，我们的行为也会跟着超越极限：我们可以设想山林事故、海难或是地震。人类无私奉献精神的起源和动机一直以来都是科学研究的对象。查尔斯·罗伯特·达尔文曾写道：那些宁愿牺牲自己也不愿意背弃同伴的人很可能不会留下子嗣继承其优秀品质。勇者，总是冲锋陷阵，不吝惜生命，就会比一般人更加容易遭受伤亡。达尔文在《人类的由来及性选择》一书中也提到过上述想法，并谈及如何把无私奉献与物竞天择和人类演变联系在一起。为什么自然选择行为会给我们的生存造成困难呢？很多科学家认为无私协作在人类行为发展和生活方式形成过程中起着十分重要的作用，影响到人类演变的方方面面。从抚养后代到组建团队，从获取食物到保障食物，随着人类对肉制品的日益依赖，其重要性就体现得更加明显。他们协作获取肉类，然后分享，给群体生存创造必要条件。

在演变过程中，我们的认知能力也渐渐被培养起来。不知从什么时候开始，无私奉献的例子也随之浮现了出来。具体开始的时间无法知晓，但人类在一天当中有很多时刻都越来越需要协作，这一点是显而易见的。人类对文化的依赖也在不断增加，相互学习变得很有必要。我们不敢肯定早期的石质工具是否是生产所得，那个时候相比后天习得，更多是靠与生俱来的能力。但是，有用而复杂的新技术逐渐发展了起来。例如，火的使用。于是，团队间相互学习，彼此修正就显得更加高效、更加有利。人类慢慢发展到无法摆脱协作、依靠协作而生活的阶段。一切活动均需要他人提供帮助，包括新生命的诞生。孩童更是完全依赖他人的生物，这一点跟其他大型哺乳动物还不尽相同。人类孩童漫长的成长过程是形成个体间支撑与协作，培养彼此同理心的另一个的重要来源。另外，无私行为中还有另一个因素，那就是我们对别人身上发生的事情颇有兴趣，帮助他人之后，自身感觉会很好，我们之所以那样做是因为深知对方遭遇的痛苦，正如同神经心理学家鲍里斯·西瑞尼克（Boris Cyrulnik）所说的那样：

> 我在刚果跟娃娃兵共事过，我问他们长大后想做什么，几乎所有人都说想做记者或是医生：我要当记者，是因为我想讲述这里的一切；我要做见证者，见证一个孩子如何成为一名士兵；我要当医生，是因为我知道什么是痛苦，我想要学会保护其他遭受痛苦的孩子。通往无私的道路是系统化的，是一套体系，不是简单的因果关系，而是受外界压力影响不断变化的一套体系。共情力就是这么培养的，我们学着乐于去发现他人的内心世界。

在史前时期，人类慢慢学习协作，照顾他人，同时对别人感兴趣的社会范围也在扩大。所有这些都是我们这个物种取得成功的因素。然而，从我们搜集到的为数不多的证据中如何再现同理心的史前情况？哪种科学在研究史前人类的情绪？古人类学是研究人类化石的科学，但是诸如爱情、共情、同情这样的感情并不会成为化石，不是吗？

近 150 年以来，我们找到了祖先在几十万年以来留下的生物和文化遗迹。这多亏了人类起源的研究越来越具吸引力，在大众传媒中出现的频次越来越高也证明了这一点。这引得大家关注田野调查和研究，进而在世界很多地区发现了更多的新化石和人类活动的痕迹。不过，想要在解剖特征、技术能力和精神特质之间建立假设关系依然比较复杂。化石积累太少，信息解读十分复杂，要还原史前的演变历程仍十分困难。首先，从外观上判断哪些是人类遗骸这一步就很难，我们在下一章会讲到这一点。其次，要说清楚远古时期有多少种生物，彼此之间有什么不同，同时又有什么关系，这也很难。但是，近些年来，我们也在尝试更多新方法，全力找寻遗迹。新技术可以获取和处理高清的图片，直观地展现化石，古遗传学等学科则提供了十分重要的基因解码信息以及进化关系图。

这些背景又激发了人们更大的兴趣去了解人类行为是如何产生以及何时产生的。考古学记录也越来越多，不断地提供着人类活动的相关资料。我们的捕猎技术日益纯熟、食物品种日渐丰富，迁移活动越来越多，尤其擅于结合自身需求，运用、发展并掌握日新月异的技术。此外，化石还有一个特别的用途：向我们展示主人的特征，讲述他的一生。换句话说，发现的骨头和牙齿可以告诉我们这个人的故事。例如，我们可以知道他吃什么，用不用火，哪只手使用工具……伤痕或者病痛告诉我们他在某个关键时刻的经历。事实上，很多时候，这些都不是致死原因，而是治愈后的伤病，而且有的很可能是在别人的帮助下治愈的。古人类学家、考古学家、神经病学家、神经心理学家的相互协作拓展出更多视角让我们更好地理解人类行为和心理的演变。同情心是我们定义"人之为人"的基本能力之一，可以影响到我们的认知能力，左右我们的感受以及对周围事件的阐释。或许正是因

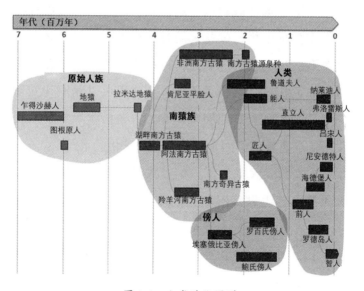

图 1.1　人类进化图谱

　　人类进化图谱是一份令人激动的材料，几乎在其构成的每个分类阶段都可以引发争议。上图展现了到目前为止，已经报道过的人类原始群体，群体发展史以及原始群体之间联系的相关推论。

为这样，原本为数不多、孤立生存的远古人类，起初
与同时期共同生活的其他物种没有太大差别，后来却
能开枝散叶，发展壮大。

在史前人类遗迹中，从他们展现出的生活习性上，
我们可以辨识出些许同情心的迹象。这些是他们遭遇
困难或是身体缺陷的证据，也是人们关注患有疾病或
功能障碍的人健康状况的证明。我们力图为每一个个
体重塑他们各自的故事：

——分析骨头和牙齿上的所有信息、病理学症状、
身体姿态、墓葬特点（如果存在）和反映生活方式的
自然环境或者文化环境。

——从临床医学角度研究个体受到影响的身体部
位或是系统，推断对每个系统造成的影响。

——从生存实践角度推断，既包括日常生活（生
活物资、吃喝、个人卫生、短距离活动、身体姿势的
变化等），也包括生存技能（动迁、家务、资源获取、
人际关系、学习和传授等）。

——根据认定的临床医学推断以及实践情况塑造
"关注模型"，评估出个体应当接受护理的时间，护理
所需的技能、（当时所具备的）资源以及为之所付出
的努力和成本。

——分析他人活动，一方面是他人对个人提供的
直接帮助（提供食品和水、健康状态和体温监测、休

憩场所，保护安全、创造卫生条件、协助调整身体姿态和活动方式、治疗等）；另一方面是他人协调群体活动以便可以持续帮助个人，让其融入群体生活中。

所有这些多学科的研究都是通过护理生物考古学（英文称为 bioarchaeology of care）彼此联系在一起的，这是由洛娜·蒂里（Lorna Tilley）、马克·奥克森纳姆（Marc Oxenham）、托尼·卡梅伦（Tony Cameron）等学者提出并推进的学科。该学科试图挖掘一切可能的信息来解释群体护理行为（组织、实施及社会关系），并找寻针对不同个体采取不同处理方法的原因。

这样一来，我们就可以评估群体同情行为的证据，用不失科学的方法调查其认知演变。但是，我们不能认定其他非同理心的例子。也就是说，有些人因为伤病被同伴排斥，或者从一开始就遭到摒弃，又或者经过一段时间被人发现照顾他们需要付出努力后而遭摒弃。不管是哪种情况，提供照顾都需要一个强有力的决定因素。在一个寻求生存的群体里，特定的原因才会引发同情行为：某些实际原因或情感因素、社会关系因素或者主体的特殊地位，或者还有我们想探知的其他问题。

根据护理生物考古学者的发现，在更新世（大概从 250 万年前到 11700 年前）的化石中，反映人类护理活动的化石数量在增加，超过 100 例。而且这一主题也越来越受关注。20 年前，人类学家埃里克·特林考斯（Erik Trinkaus），让－亚克斯·胡比林（Jean-Jacques Hublin）和佩妮·斯皮金斯（Penny Spikins）等学者就十分深刻地提出：同情心即是我们的祖先关注他人的出发点。那么，同情心是体现了人类的弱点、无知和懦弱还是推动了人类的发展？我们试图找到认知与感情之间的关系，试图去阐释人们在生存要求的活动之外，在情感驱动下开展护理活动的（复杂）原因。情感及其对我们日常生活的重要性正在成为近年来的研究课题。我们看看涉及将情感纳入专业领域决策方面的研究课题、书籍和座谈的数量便可知晓（"如何做"与"什么是"一样重要）。在这个"时尚"话题的讨论中，一些文章试图在我们的进化过程中找到人类行为与情感之间的关系。在古人类学研究领域，关于利他主义和同情心的研究开始屡见不鲜，例如，对特定患有严重疾病、重伤后治愈或是特殊丧葬的样本研究中都有相关探讨的部分。

令人感到惊讶的是，这些案例很早就开始出现了，比几十年以前预想的时期还要早，那个时候只把这类行为与现代人联系在一起，与我们最近的演变期联系在一起。在这里，我们要从史前开始，先试图理解"人"的起源，然后再构建在接受特殊照顾的个体身上发生的故事。

第二章

人类起源：概述

通过"人"的概念我们能知道些什么？回答这个问题并非易事。力图识别出标志着"人类"起源的形态及行为元素是长久以来激烈争论的主题。我们原始群体以及原始群体的祖先们经历漫长岁月才走到了今日。大猩猩和我们血缘关系最近，大概在六七百万年前才分道而行。演变终端是现代人类的那条支脉，我们称之为智人——智慧原始群体。这部分人包括现代人类和已经灭绝的人类种群，还有他们的直系祖先和旁系分支。具体来说，就是第一章人类进化图谱中列出的几类：人（Homo）、南方古猿（Australopithecus）、肯尼亚平脸人（Kenyanthropus）、傍人（Parathropus）、地猿（Ardipithecus）、图根原人（Orrorin）和沙赫人（Sahelanthropus）。

"分支"的确是我们描述进化树时习惯使用的词语。然而，近40年来，陆续获取的知识让我们发现人类演变越来越不像一棵树或者说灌木树。不说远了，从人类化石中进行的全新DNA修复和分析越来越成为重现我们祖先进化史的主要路径。古人类 DNA 有助于核实先前从形态学研究上得出的推论，重构人类祖先的迁徙，计算不同人类种族分支的时间，但是，也让绘制人类原始群体之间的进化关系变得更为复杂。我们能够对已灭绝的一支人类物种（尼安德特人）的染色体组中的重要部分进行排序；通过从少数牙齿和骨头碎片里提取的基因，我们可以发现一支新的人类物种——丹尼索瓦人（还有一种"幽灵"人种或者未知的人种在丹尼索瓦人基因排序上留下一些痕迹）；我们发现神奇的两个人类物种的混合物种，例如一个人母亲是尼安德特人，父亲是丹尼索瓦人；或者一个现代人类，仅在其家族的四辈到六辈人中就有一个尼安德特人；我们辨识出尼安德特人在我们身上留下的基因痕迹，或者发现当代欧洲人的祖先；或者发现不同历史久远的非洲原始群体；或者美洲最早居住着的移民……

但遗憾的是，目前借助古遗传学仍无法看到 43 万年以前的情况，也就是发现于骨头山（阿塔普埃尔卡山）的人类基因物质存在的时代，这是现今能修复的最古老的人类基因物质。基因分子很容易降解，需要在特殊条件下才可避免。我们从古基因组出发，继续讨论和解读人类史前时期的进化情况。古遗传学无法研究到的古代物种，则由另一个叫做古蛋白质组学的学科根据化石上的蛋白质继续研究，这个学科能够检测时代更早的遗骸，但是获得的信息有限。与此同时，为了能够理解剩下的95%甚至长达600万年的进化之路，我们需要分析化石并研究人类化石的相关科学上下150年的发展情况（古人类学或者人类古生物学）。幸运的是，我们发现了满是知识源的新矿层（有的时候还会产生更多源头），在20世纪运用更有效、破坏性更小的新技术分析古生物学和人类学研究对象，获取重要信息，甚至还可以重新解读博物馆馆藏了几十年的古旧化石。

所以，我们需要新的表述来比喻人类的演变，比如河流沉积的三角洲。600万年来，或许已经陆续出现过几十条河流，持续流淌了一段时间之后，又出现了新的河流。随着时间的流逝，有的河流彼此交融（各自发展过程中的演变交织在一起）；有的则消失了（灭绝了）；有的跟后来出现的河流汇集在一起；还有的最终又汇入了最早的那条主流。不同的人类种族也是如此。近50万年以来，我们的血液中同样融入了人类原始群体的基因。在演变的最后阶段，也就是在河口处，最终只能看到诸多河流中的一条——就是我们"智人"这一族。我们试图写一个章节来"俯瞰"一下这片河流三角洲，以便了解人类起源和人类共情力的起源。

最早的人亚族

我们对进化的前三分之一阶段——600万到400万年前的时代，了解得还很少。虽然有不同的解读版本，但总体而言，最早的人类化石是智人。人从那个时候开始直立行走，犬齿体积缩小，这些都是社会结构和灵长类动物交流结构发生重要变革的特征。

——乍得沙赫人（Sahelanthropus tchadensis）

在人类演变相关文章中沙赫人通常被认为是距离猩猩和现代人最近的人类，生活在大概六七百万年以前，出现在非洲大陆中部的乍得（Chad）。由于其他化石基本都出自非洲东部，这算是一个例外。这个群体生活在布满河流湖泊的花园地带，现在已是荒芜一片，条件恶劣，不宜生存。时至今日，从头骨形状仅可以推测出沙赫人用双足行走。头骨底部的枕骨大孔（脊髓经过该孔与脑干的延髓相连接）位置居中，垂直延伸，而其他四足行走的动物则比较靠后。头骨以下结构不是很清楚。据说曾发现一块和沙赫人相关的大腿骨，但是至今仍未看见相关报道。

——图根原人（Orrorin tugenensis）

大概有20来块化石，大部分是2000年（它的别名"千禧人"由此而来）在肯尼亚北部的图根山（Tugen Hills）发现的。他们的生活年代可追溯到600

万年前，对我们进一步了解人类的起源十分重要。从遗骸的手指指骨和肱骨可以看出，千禧人生活在树上，但是已经有了现代人的重要特征：双足动物的大腿骨、肌肉和韧带之间的凹陷以及股胫角。如果不算前面的沙赫人的话，这或许算我们到目前为止对双足行走的最早记录了（不论是生活年代还是双足行走，沙赫人都仍有不确定之处）。

——拉米达地猿（Ardipithecus ramidus）

女性骨骼化石"阿尔迪"的发现向我们展示了一个生活在距今440万年前树林里的地猿。她手大脚大，手成弧形，表明她可以较为灵活地在树间移动。与此同时，头骨底部、盆骨和双腿的骨骼表明了她是双足动物。她擅长攀越，却不善于奔跑。2019年发现的另一个拉米达地猿的部分骨骼，再次证实了这族原始人是双足动物的推断，同样善于攀越。1994年发现"阿尔迪"是古人类学上的一次伟大革命，奠定了双足直立行走起源说法的基础，即从森林开始，未曾经过地表阶段，这就与"穿越草原"假说观点有所不同。依据"草原"假说，开始使用双足行走是由于森林逐渐消失，原始人便进入草原地带生存。在地猿这一分支下，比拉米达地猿更早的是卡达巴地猿，生活在距今580万至550万年前，迄今发现的化石数量不是很多。虽然他们的脚趾趾骨与非洲猿人不同，具备双足迈步

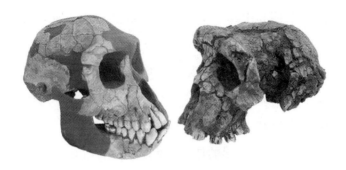

图 2.1　原始人族

　　右: 乍得沙赫人头骨, 脑容量 350 毫升, 与现在的成年黑猩猩脑容量相似。左: 拉米达地猿头骨, 脑容量同为 350 毫升, 头骨被发现时分裂为64 块, 后通过计算机显微断层扫描技术获得了 5000 多张图像, 并完成数字化重构。

行走的类似形态特征, 但是头骨和牙齿依然是原始人的构造。用来命名这一支的词语 "地猿", 含义便是 "陆地上的猴子"。

南猿族

　　接下来我们经历的这段历程——距今 400 万到 200万年, 是我们相对比较了解的阶段。拉米达地猿过后没多久 (地质学时间概念), 一支身体构造略有不同的人族出现在了非洲多个生态系统里, 这里主要指的是以南方古猿——南猿族 (含义是 "南方的猴子") 为代表的原始群体。目前仅在非洲发现, 出现在该大陆南部、东部和中部二十几个化石层里。这一原始群体是我们人类发展史上一个极其关键的时期，他们体形上的一些变化对我们成为"人类"起着决定性的作用，其技术基础又让人类发展有了质的飞跃。这样的生物再也不会出现了！

　　南方古猿中最早的是湖畔南方古猿（Australopithecus anamensis）。他们的化石发现于肯尼亚的卡纳波伊（Kanapoi）和阿丽亚湾（Allia Bay）以及图尔卡纳湖（Lake Turkana）、阿萨伊西（Asa Issie）和埃塞俄比亚阿法洲（Afar）的沃伦索 - 米勒（Woranso-Mille）。总体来说，大概有 150 具人类化石，生活年代为距今 410 万至 370 万年。头骨以下的骨骼明显显示出了两足行走的特点。例如，这一点在胫骨部分就很明显：与股骨相连的那一端比较宽，是为了有足够多的骨组织来承载两足行走的动力。上述特征我们人类都具备。另外，结合其他衍生特征，在头骨化石中观察到的一些特点也会让我们联想到中新世类人猿。2019 年，我们发现了这一类别中唯一一块较为完整的头骨（通过该骨骼重建出了唯一的面孔），命名为 MRD，是一个生活在 380 万年前的男性，脑容量为 365—370 毫升，和沙赫人相当。他有突出的矢状嵴（即头骨上方颞肌相连的位置），鼻子区域和头骨下半部面部轮廓明显。虽然在 MRD 的头骨中没有发现下颌骨，但是从其他样本中我们能够知道湖畔南方古猿的下颌骨相对比较小，牙齿排列呈窄 U 字形（人类的牙齿排列呈 V 字形），下犬齿和第一颗前臼齿之间有个缝隙（小洞），给上犬齿留出了空间，下颌联合部（中间部位）比较靠后，这部分显得略粗和略长。这些都是原始人群的特征。上颚较深，犬齿齿根和根冠都很坚固。他的牙齿展现出丛林地带的饮食特点，与狒狒这样的现代灵长类动物相似：食物以种子、树叶、球茎和小果实为主，并且嚼碎后吞咽。湖畔南方古猿的臼齿体积增大，咀嚼部位强劲有力，这些特点与拉米达地猿相比都有所进化。湖畔南方古猿生活在开阔的森林和热带草原中，环境比地猿和今天的非洲猿要空旷。

继湖畔南方古猿之后，在非洲东部还生存着另一支数量众多的南猿族——阿法南方古猿（Australopithecus afarensis）。在埃塞俄比亚、肯尼亚和坦桑尼亚多处发现了 400 多具化石，展现了前后 100 万年不同时期人类的演变情况，以下三类比较突出：

——埃塞俄比亚阿法地区。在哈达尔（Hadar）发现了众所周知的绰号"露西"（Lucy）的人类骨骼，生活在 330 万年前，已经具备了双足直立行走的形态。在哈达尔还发现了名为"第一家庭"的化石群，由 9 名成年个体和 4 个孩子的骨骼构成，出于某种原因他们在 320 万年前被埋葬在了一起。

——沃兰索 - 米勒（Woranso-Mille，埃塞俄比亚），在阿法地区（露西所在地以北35公里处）。湖畔南方古猿和阿法南方古猿都生活在这个区域。后者中最出名的就是名叫卡达努姆（Kadanuumuu）的化石，它是同类原始群体中保存最完整的男性骨骼。尽管他生活的年代久远（358万年以前），但是卡达努姆是直立的体态，两足运动结构完善，与其他南猿族现代人的运动结构最为相似，身形明显较高（身高在1.5—1.6米），跟露西完全不一样（身高在1—1.1米）。

——莱托利（Laetoli，坦桑尼亚）地区，位于阿法以南1500公里处，即莱托利人种所在的区域。在这个地区，发现了著名的莱托利脚印，是在360万年前三个南方古猿留下的足迹。三个古猿在同侧（参看图2.2），另外两个古猿在距前者约150米的位置均留下了脚印。他们都具备两足运动结构。我之所以对脚印特别感兴趣，原因在于它是我们祖先留下的生活时的美好见证；而化石则相反，是去世后的证据。这样看来，脚印也证明了他们的骨骼可以支撑两足直立行走的运动。在莱托利地区还发现了LH 4号下颌骨，生活年代为约360万年前，属于阿法南方古猿一类的人种。

图 2.2　莱托利脚印
（国家自然科学博物馆复制品，马德里）

脚印得以完好地保存下来，主要是因为附近火山爆发，足迹正好留在了火山灰上，后来加上雨水浸透和火山灰的不断沉积，就慢慢硬化。根据火山沉积物便可以精确地断定年代。这是 360 万年前的几小时非洲生活的一段独特见证。1978 年发现的一段 27 米长的足迹带是由三个南方古猿和一些小动物留下的（70 个足印）。两个南方古猿正在向前走，第三个稍稍落后，所以他的脚步叠加在前面一个古猿的脚印上。有人认为这个场面很可能是后面那个古猿在玩"游戏"，这个推测我们永远无法核实。另一组印记是在 2014 年发现的，距离前面那组 150 米。共有 14 个足印，其中 13 个属于同一个古猿，剩下那个是另一个古猿。所有的足迹无疑都是两足行走留下的印记，就跟我们在沙滩的沙子上留下的足迹一样。我们保存的髋部化石（较宽，呈喇叭形）也可以证明南方古猿双足行走的事实，腿骨和膝盖关节骨都与现代人十分相似。

　　湖畔南方古猿很可能是经过前进演化（英文 anagenesis）而进化成了阿法南方古猿，这也意味着通

过等位基因频率[1]的改变，一个原始群体会整体渐渐演
变成另一个原始群体（尽管这种假说仍在检验过程中，
毕竟这两个原始群体很可能共同生存了10万年）。阿
法南方古猿的头骨显示出好几处近裔性状[2]的特征（即
与前一阶段的湖畔南方古猿相比较而具备的新进化性
特征）：下颌骨部位略深，上牙槽呈 U 字型，而下牙
槽呈 V 字型。他的下巴硬而宽，下颌联合区域有些靠
后。犬齿比湖畔南方古猿的要小一点，但仍然比人类
的犬齿大不少。在下犬齿和第一颗前臼齿之间仍保有
较小的齿虚位[3]，但尖锐度在弱化。确切地说，这颗前
臼齿的形态是另一个中间特征，它同人类的前臼齿一
样呈现出两个尖瓣，但不同的是大小不一：内侧的牙
很小或缺失，而外侧的较大。体积从第一臼齿到第三
臼齿逐渐增大，并且牙釉质的厚度也在增加。如前文
所述，他们的颅后骨骼显示出很多双足行走的迹象，
但是手臂依然很长，手指指骨弯曲。

1　等位基因频率是群体遗传学的术语，用来显示一个种群中基
　　因的多样性，或者说是基因库的丰富程度。（来源：百度百
　　科）——译者注
2　在分支系统学中，从祖先分裂成后裔的过程中由祖先派生出
　　来成为后裔所有的进步性状称为近裔性状。（来源：百度百
　　科）——译者注
3　齿虚位，指两枚牙齿之间的空隙。（来源：百度百科）——译
　　者注

露西（Lucy）的双足骨骼在 1974 年被发现，把古人类学向前推进了一大步。另外，露西（Lucy）还是一个文化符号，是传播和普及人类进化过程的参考资料。我们多次将新发现的化石年代与露西（Lucy）相比，或是将某些骨头的形状同她的相比较。她在许多博物馆中被当做莱托利脚印的制造者展出，其实这些脚印比她要古老一些。1976 年《自然》杂志在黑色背景上刊登出的那张露西的解剖骨骼平面图，甚至还标志着标本摄影风潮的开始。古人类艺术家约翰·古尔奇（John Gurche）在描述自己重组露西形体的过程时，曾说：

> 当露西的身体在我的指尖下慢慢展现出来的时候，很明显，她跟现在任何一个生物体都不一样。她的有些构造既像猿猴又像人类，但她的身体却与这两者都不相同。当我把她重组完毕时，我眼前的露西就是现在这个样子。她正在从树上下来，简简单单地以这样直立的姿势下来。然而，她并非毫无顾忌。毕竟地面是危险的地方。

这是让我们对露西另眼相看的一个很明显的例子。或许我们已经在她身上找到了些许"人"的早期特征。

2016 年对露西部分骨头（右肱骨，第一肋骨和其他的骨头）扫描分析结果发表，这些遗骸表明她是从至少 12 米的高处坠落而亡（那会是一棵树吗？），而这一研究也引发了无数惋惜的声音。莉迪亚·派恩（Lydia Pyne）认为，"这些故事将古猿人性化，这个力量很强大。"这让我们变得更加团结，对眼前的化石更有感触。我们已经准备把这些发现看成一种显而易见的文化推动力，倾听人类祖先这绝无仅有的倾诉。

在非洲东部继续有新的发现。在 2016 年，根据在阿法的伯特利（Burtele）和瓦塔雷塔（Waytaleyta）

图 2.3　露西（AL 288-1）

左图：骨架的复制品（国家自然历史博物馆，巴黎）。中图及右图：伊丽莎白·戴妮斯（Elisabeth Daynès）复原图（人类进化博物馆，布尔戈斯）。

发现的距今 350 万年前至 330 万年前的多具化石（下颌，牙齿和上下颌骨），人们定义了一个新的种群——"南方古猿近亲种"。阿法南方古猿也在这个地区，生活时期很相近。但南方古猿近亲种在下颌骨中间部分有些区别，且其牙釉质表明该原始群体的饮食更加丰富多样。

与此同时，南部非洲的古猿在形态上还发生了更大变化，主要体现在牙齿和头骨上。目前最新公布的南方古猿是"小脚"（Little Foot）。她是目前所知晓的南方古猿中骨骼保存最完整的化石，大概复原了 90%（而我们只找到了露西 40% 的骨骼）。另外，她的生存年代（367 万年前）比已知的许多阿法南方古猿都要早，接近湖畔南方古猿的生活年代。所以我们先从她说起。"小脚"是身高在 1.2—1.3 米的女性，下肢长度比上肢长度要长（这在化石信息记载中还是第一次）。她的髋关节构造先进，可以将大量的躯干力量传递到腿部。手掌较大，但感觉很灵敏。她的身体可以大步行走，同时攀援技能仍然很好，可以让她在其居住的热带森林中自如生活。事实上，"小脚"与东非"人"（阿法南方古猿）同一时代，但身体形态差别却很大，这一事实引发了很多关于早期古人类多样性的疑问，以及关于相距甚远种群之间发展进化联系的疑问。

非洲南部的喀斯特地貌带在古人类学历史上起着至关重要的作用。自从 1924 年发现汤恩（Taung）的儿童化石以来，该地区已经发现了数百具非洲南方古猿化石。"汤恩男孩"是这一人种的样本化石，也是南方古猿属的第一具化石。化石的面部较为现代，牙齿小而近乎现代，脑容量也小（405 毫升，成年后可能达到 440 毫升）。这一发现引起了极大的轰动。这个

图 2.4　汤恩男孩和普莱斯夫人（Ples）

　　左图是汤恩 1 号化石，面部有些斑纹，可能是一只鹰将其尸体带到汤恩时所致。虽然雷蒙德·达特（Raymond Dart）把这个头骨认定为原始人类，但此后十年间他不得不面对这样一种观点，即它实际上是黑猩猩，经过多年进化而具备了类人猿的特征，直到罗伯特·布鲁姆（Robert Broom）发现了新的化石，才得以把他归类于非洲南方古猿。右图是 Sts 5 号头骨（昵称普莱斯夫人）。脑容量 485 毫升，很好地展现了汤恩男孩到了她的年龄（估计在 17 至 21 岁之间）会是什么样子。为了把化石从岩石中取出来，布鲁姆使用了炸药，所以头骨裂成了两块（在顶部很容易看到），面部也遭到了一点破坏。

图 2.5　傍人头骨

　　尽管南方古猿化石记录稀少，而且主要集中在非洲南部和东部，但标本仍数以千计，数量还在一点点增加。这些化石在形态上表现出巨大的变异性，主要体现在它们的牙齿和头骨上。那个时期很可能存在很多不同的物种，比如某些物种在反复咀嚼蔬菜时表现出一些极特殊形态：例如罗百氏傍人或者傍人。傍人群体（Paranthropus，意为"接近人类"）后犬齿巨大且头骨特征醒目（颧骨大，矢状嵴粗），可以很好地辅助完成咀嚼。上图：鲍氏傍人的雌性和雄性（KNM-ER732 号头骨和 OH5 号头骨）。下图：罗百氏傍人雌性和雄性（DNH7 号头骨和 SK48 号头骨）。

　　孩子提供了一个全新的信息：人类大脑的进化比身体其他部位的进化要晚。另外，这一发现也打破了当时科学界的欧洲模式，将人类起源聚焦到了非洲。通常情况下，尽管非洲南部的南方古猿生活的时代跨度很大（在 370 万至 200 万年前），但是大量标本显示他们已经具备了现代人的一些形态特征，比东非的古猿标本显现出的特征要多。2008 年发现的南方古猿源泉种（Australopithecus sediba）就是一个很明显的例子。他生活在 190 万至 180 万年前，具有许多进化的头骨特征，比其他的南非古猿要瘦小，拥有现代臼齿，脑部更大。矛盾之处在于，取自南部非洲标本的颅后遗骸——包括更"现代"的源泉种在内——表明他们依然可以适应在树上生活，甚至比非洲东部古猿的适应性更强。

我们人类

通常情况下，人族源自南猿族的说法已被世人所认可。正如所见，动物种类繁多说明了物种适应不同环境的众多可能性。从这些群体（或多个群体，如果我们再次想象一个河流三角洲，不同群体彼此交织）中分离出了一支朝着人属类（Homo）进化。在本章谈及的人类 600 万年发展旅程中，这个群体的进化占据了后三分之一的时间。当然，不可能一个南方古猿前一天睡着了，第二天起来就变成了智人。那么我们自问，在这个三角洲的中间地带，我们把哪个时段定为"人类"的起源？用什么样的标准来定义"人"？

会制造工具是人类对比其他灵长类动物在"质"

与"量"上的巨大差异，但这并非人类分支独有，因为现在已经发现了远古时代使用的凿刻工具，且当时在地球上的古人类只有南方古猿一种。但是，人类语言的确是独一无二的特征，哪怕在祖先的化石上我们很难识别出让我们开口说话的类似结构特征。传统层面寻找出的人类的首要特征均与人体形态变化相关。在400万到200万年前之间，双足行走导致了身体上极为重要的适应性变化。一般来说，大约在200万年前，身体的形状和体积就开始具备某些现代特征，包括腿部长度明显增加以及诸如肩关节、腰、肱骨、股骨等骨骼结构的变化。只是人体各个部分的进化是循序渐进，而且相互影响的。例如，南方古猿骨盆的"现代化"特征出现在300万年前；手的比例特征也出现在那个时候；灵活取物是向人类进化的一个重要适应性特征，令人惊讶的是，南方古猿也具备取物的某些特征，但是他们还不会手工制造工具；在最后的100万年中，脸部结构也经历了不同的进化阶段。但是，诸多特征中需要重点突出的特征是：大脑。大约从200万年前开始，大脑逐渐扩容，在很多人看来，这与广泛制造和大量使用工具有关，本书第四章会涉及更多细节。

　　因此，找到导致这一转变的原因就极其重要。在300万到250万年前，地球上气候开始急剧变化，即全球变冷。地球北部，冰层面积扩大；在非洲，生态系统从茂密的热带森林变为开放环境，干旱荒芜现象增加，出现了大量的草原牧场。这种情况推动了进化进程。随着环境的变化，非洲东部和南部的非洲南方古猿（还有最近所发现更为古老的"小脚"），这些我们前文提到的那个时期的人类原始群体，他们的身体也发生了复杂的变化。如果我们已经知道那些灵长类生物身上的形态特征，例如缩小的牙齿、骨盆的形状和位置以及可以让他们用双足直立行走的生物力学特征，那么（就会看到）这些进化性的改变慢慢地以非常不同的新形态呈现出来，它们出现在我们人属智人的首批代表身上，但也出现在咀嚼能力很强的傍人（傍人属）身上（见图 2.5）。此外，还出现了第一批骨制工具和石制工具，其制造者仍不为人知。我们发现在非洲南部 200 多万年前就出现了工具，非洲东部的则出现于 260 万年前 [戈纳（Gona）和莱迪 – 格拉鲁（Ledi-Gerarud），埃塞俄比亚]。但是，2011 年在洛美克威（肯尼亚）发现了大量更古老（更粗糙）的工具，距今 330 万年。

在这种情形下，我们智人的起源，即"人类"的起源就成了古人类学者要面对的最主要的挑战之一。一般来说，我们通过观察如下进化特点来识别首批智人：

——大脑、面部、上颚、臼齿和身体比例等方面

第二章 人类起源: 概述   **29**

的外形特征变化;

——行为特征变化, 更多地捕食肉类和制造工具
以获取动物资源;

——生理循环周期和成长阶段的变化, 更多体现
了后来智人的相关特点。

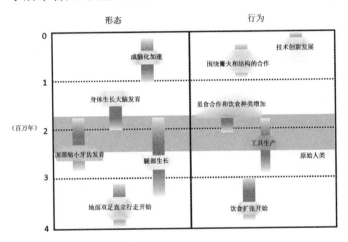

图 2.6 形态和行为的演变

参考安东 S. (Antón S., 2014) 发表的《早期人类进化: 综合生物学
视角》,《科学》, 345 页, 图 3。

但是, 我们知道在古生物学中, 简单而线性的解
释是行不通的。一方面, 上述气候演化其实很不稳定,
相应的湿度和资源变化就很大。另一方面, 早期智人
的相关化石记载时间还比较短, 阐释起来也比较复杂,
因为生态多变性导致不同的适应性变化和物种形成的
可能性应运而生。一般认为, 大约在 200 万年前, 出

现了一支不同的人类原始群体（人类族），用艾伦·沃克（Alan Walker）的话说，是"在流浪中诞生的食肉原始群体"。但是，出现在非洲的南部还是东部，具体位置还不是那么清楚。南部智人的起源可以用该地区复杂的生态来解释：在那个时候，南部非洲居住者的捕食方式与食物来源应该比东部要多。这有助于大脑的成长和社交技能的发展，从而也增强了非洲南方古猿的适应性。这个地区的人类原始群体数十万年以前就具备了制造工具的能力，但并没有像东非发展了50多万年那样形成规模。对该制器模式［称为奥杜威（Olduvayense）风格，在下面的章节还将进一步描述］以及一组早期智人化石的记载标志着人类在非洲东部的起源。在非洲的新发现增加并丰富了200万年前化石的相关记载，这也会有助于了解南部和东部之间早期人类的流动情况。此外，2018年在艾因·布歇里特镇（Ain Boucheri，阿尔及利亚）的两个化石研究点展出了一组奥杜威风格的石器制品和带有切割痕迹的动物骨骼（马、牛和其他较小动物的骨骼），年代最近的可以追溯到190万年前，最古老的到240万年前。通过描绘掌握奥杜威制作技术的原始群体快速从东非向北非扩张或在两个地区并行发展的景象，这项发现增添了关于生活在如此遥远时代的非洲北部人类的新的未解之谜（这些未知永远受人欢迎）。

　　无论怎样，本书将把"人类"起源锁定在 200 万年前左右，接下来我们会继续探究这些个体以及他们的行为，尽可能地描绘出景象，以便我们去了解人类特有的复杂行为，例如关怀心、利他心与同理心。

第三章

不寒而栗的目光还是同情的星光

直立人（Homo erectus）之旅

就在人类发现南方古猿之前 30 年，19 世纪末荷兰物理学家欧仁·杜布瓦（Eugene Dubois）参加了一项军事任务并借机去到亚洲，得以去找寻当时风靡一时的灵长类与人类之间"丢失的那一环"。此外，在得知史前有一支人种跟我们不一样［尼安德特人（Homo neanderthalense），1864 年确定名称］的消息后，他备受鼓舞，也很想率先在欧洲以外发现这一人种的踪迹。1891 年，杜布瓦在特里尼尔（Trinil，印度尼西亚）的爪哇岛（Isla de Java）就初见成效。他在梭罗河（Solo）河岸的平坦地带发现了一块臼齿和一片很厚的头盖骨（头骨的上半部分），脑容量在 940 毫升左右，随后又发现了一块股骨和其他的一些骨头。杜布瓦把这个智人叫做"直立猿人"（Pithecanthropus erectus），意思是直立行走的"猿—人"（介于"猿"和"人"之间）。进入 20 世纪后，在爪哇岛继续发现遗迹。例如，

在桑吉兰（Sangiran）发现了一系列数以百计的化石，
其中较为完整的是桑吉兰 17 号头骨，脑容量为 1004
毫升，完全不输给所谓的爪哇岛人。那个岛上还有另
外十个化石沉积层，共同构成了人类化石群。

　　另外，1920 年到 1930 年的十年间，在周口店山
洞第一地点矿层发现了 40 具个体的人类化石，最初
叫"中国猿人北京种"（Sinanthropus，意为"中国的
人"）：包含 5 件头盖骨、多件头骨碎片和脸颊骨、11
块下颌骨和 147 枚牙齿。头骨的脑容量在 1030 毫升，
跟印度尼西亚头骨的平均容量相当。人类骨头旁边还
有植物、火痕、石制工艺，成规律地展现出 50 万年
的演变曲线。北京猿人是这批化石的代名词，大部分
是在"二战"晚期被挖掘出来的。1940 年，有了"智
人"的定义之后，便把爪哇猿人、周口店猿人和亚洲
其他矿层的化石都涵盖其中。有的智人身材高、体型
好，生活在现代时期，跟我们很像。由此，我们可以
想象得到他们流露出的"人性的目光"。但是他们的
头部依然有原始人的特点：下颌穹窿和眼眶上环突出
（眼眶上方增厚的骨头），前额很平坦，头骨底部最宽
（人类头骨最宽的部位在上半部分），颧骨平坦，眶下
缘明显，鼻子区域和脸下部区域分界不明显，枕骨非
常明显，呈连续长条状。

　　其中一些化石大约有 150 万年的历史。这就是说

从祖先直立人在非洲出现到在亚洲东南角爪哇出现，人类只用了短短 50 万年时间，却跨越了千万公里。了解直立人的惊人旅程也就是更多地了解我们自己。这个原始群体不仅慢慢拥有了现代人的体态，还渐渐发展出具有我们现代人类特征的行为。比如他们对扩张领地充满好奇，同时开发新的资源，这也导致了欧亚大陆的生态环境殖民化与他们起源的非洲很不一样。

我们这会儿站在了旅途的起点上。在非洲的奥杜威峡谷（Garganta de Olduvai，坦桑尼亚），在杜布瓦进行亚洲冒险之旅半个世纪之后，利基夫妇

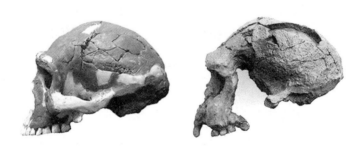

图 3.1　亚洲直立人标本

左图：北京人标本［索亚和塔特索尔（Sawyer & Tattersall）复原图］，脑容量 1030 毫升；右图：爪哇人标本（Sangiran 17），脑容量 1004 毫升。

（Leakey）[1] 开始发掘出人类制造的上百件石器工具，但经多方努力，也未能找出工具的制造者。这些工具被称为奥杜威风格（来自奥杜威的）或者称为模式1，特点是通过击打石块来制造工具。这些工具经过简单敲打，制成坚韧的石刃，然后用于切割和捣碎物品。最终，利基家族在1958年发现了一颗臼齿。第二年玛丽·利基找到了牙齿主人头部的其他骨头，即编号为OH5的头骨，它属于一个昵称为"胡桃钳人"（Nutcracker Man）的拥有强大臼齿傍人，距今有175万年的历史。20世纪60年代初期，他们又有了新的发现，比OH5号化石略微早一些，但是有一个部位和傍人完全不一样。这是一个近乎完整的下颌骨，包含14颗牙齿和24块头骨及颅后骨碎片，编号为奥杜威人科7号（OH7）；还有一只近乎完整的左脚，编号为OH8。1964年，路易斯·利基（Louis Leakey）、菲利普·托比亚斯（Phillip Tobias）和约翰·纳皮尔（John Napier）总结出在奥杜威发现物品的所有者并不属于傍人种，他们反而跟现代人类关系更加密切，被

1　路易斯·利基（Louis Leakey, 1903—1972）和玛丽·利基（Marry Leakey, 1913—1996）。英国考古学家。利基夫妇以及他们的儿子理查德·利基（Richard Leakey, 1944—）和儿媳米薇·利基（Meave Leakey, 1942—）夫妇被称为"古人类学研究第一家族"。——译者注

命名为能人（Homo habilis）。该人种有可能是在"胡桃钳人"之前陆续出土的工具的制造者。雷蒙德·达特（Raymond Dart）建议用"能"字命名是因为这个词让人联想到"熟练、有活力和头脑灵活"这类概念。我们还记得发现汤恩男孩后，是达特命名了南猿属的第一个物种。

但是，科学界对能人的接受度却是错综复杂的。在当时，一个标本要确定为人族，其脑容量需要在700—800毫升（尽管没有书面规定）。能人的第一批化石并没有达到这个标准，利基、托比亚斯和纳皮尔这样定义的主要原因是这些化石的脑容量相比于之前的化石要大，之前化石都不到600毫升。另一方面，由于在发现上述工具的矿床里又发现了另一个现代原始群体鲍氏傍人（Paranthropus boisei），所以，许多人也质疑能人是否是那些工具唯一的制造者。还有一种提议是将奥杜威能人纳入南猿属（相比于之后的智人，他们的身体比例实际上更接近南方古猿）。在接下来的30年里，接二连三的发现提供了更多200万年前过渡期的化石，有利于做出更加清晰的判定。我们大概发现了40具200万到150万年前的个体，共约200片化石，这些化石不仅仅是能人，还有鲁道夫人（Homo rudolfensis，意为"来自鲁道夫湖的人"，图尔卡纳湖的旧称），生活年代相近，但是头骨更大；还有匠人（homo ergaster，意为"劳动者"），科学界一大部分人把他们看作亚洲直立人的非洲形式，尽管他们比亚洲直立人的年代更早，脑容量更小（非洲直立人 800 毫升，亚洲直立人大概 1000 毫升），衍生特征更少。不过，匠人和直立人是不是两种截然不同的生物体尚不清楚。匠人是 1975 年从一块下颌骨化石（编号 KNM-ER 992）定义而来，其显著特征是牙齿小。但是，从匠人的化石记录可以看出，其形态变异很大。不说其他，标本 ER992 号的下颌骨和同一族最完整骨骼——图尔卡纳男孩（Chico de Turcana，编号 KNM-WT 15000）——的下颌骨就不太一样。

　　因此，在相对短暂的一个时期里（在 180 万到 170 万年前之间，显然都已经属于现代时期了）不同原始群体在头骨和牙齿方面的差异都比较大。

　　——有些原始群体体形更瘦小，骨头细，脸小，一般跟直立人有关联。尽管顶骨增宽，但脑容量刚刚达到 600 毫升。绰号崔姬（Twiggy，编号 OH24）的一块小头骨就是其中的一个例子，让人联想到绰号崔姬的莱斯利·劳森（Leslie Lawson），一位很身材娇小的英国女演员。编号 ER1813 的头骨脑容量更小，只有 509 毫升。事实上，这份标本与非洲南方古猿在身体大小和形态上比较接近，但是有些特征又跟亚洲直立人很像，上沟、枕骨、下颌窝都比较浅。

——另一些原始群体的头骨容积要大很多：编号
ER1470 的头骨脑容量为 750—775 毫升，面部十分细
长。由于他们的突出特征，这个原始群体被叫做鲁道
夫人，ER1470 号标本就属于这一类。

——匠人，例如 ER3733 号头骨，脑容量为 850
毫升，衍生特征更为明显，诸如身高体长，眉骨粗壮
（接下来的 100 万年期间直立人的常见形态特征），牙
齿缩小，具有现代人的脸部轮廓，面部略微错颌且
平坦。

如果解释头骨信息很困难，那么由于颅后化石的
缺乏，尝试重建早期人类身体的进化过程则更困难：

—— OH62 号化石骨骼是能人的代表，有 180 万
年的历史，由 300 多块骨头碎片（包括上肢和下肢）
组成。那个人的手臂很长：肱骨是股骨长度的 95%
（现代人比例为 70%，黑猩猩是 100%）。

——然而，年龄在 10 岁至 12 岁的图尔卡纳男孩
（匠人）生活在 160 万年前，脑容量约为 900 毫升，身
体比例与现代人相似。他的身高是 1.6 米，正常他还
会再长高 10 到 20 厘米（这个男孩的成长速度尚不
清楚）。

——最后，我们用编号 ER1481 的股骨来代表鲁道
夫人，距今 189 万年，跟身高在 1.6 米左右的现代人
股骨十分相似。这很好地说明了人类骨骼的比例在短

短 20 万年中从能人以及南方古猿的小身体开始演变的
速度之快。

　　从线性进化角度来看，有时会把能人视为古老物

图 3.2　最早的人类

　　从左到右，从上到下依次为：OH24 号头骨以及 ER1813 号头骨（能
人），ER1470 号头骨（鲁道夫人），ER3733 号头骨（匠人）。特里尼尔
（Trinil）[1] 1 号股骨（直立人）和 ER 1481 号股骨（鲁道夫人）。

1　特里尼尔（Trinil）位于印度尼西亚爪哇中部，以 1891 年发
　　现直立人，或称"爪哇人"的化石而著名。——译者注

种。他们在身体大小和原始特征上接续着南方古猿，而其他那些身体略瘦小，脑容量更大的人族标本则被归在更接近现代的时期。但是化石记录打破了这种线性思维，因为其生存时期表明他们在沿着不同的方向进化。例如，前文提到的化石显示出189万年前同一个地区居住者的特点，他们脑容量大一些，面部衍生特征更多，随后165万年前的居住者是身材略小的能人以及更加"现代"的匠人。

对人族形态多样性的全面认识很好地说明了确定"现代人类"起源和描绘进化树状图的复杂性。化石记录有200万到300万年的空档期，另外，正如我们在第二章已经分析的那样，人类形态的演变并非是线性而是交叉进行的。少数化石碎片给继续阐释进化树图上这个关键部分带来了希望，其中下面几个下颌骨化石最为突出：

—— 有233万年历史的下颌骨化石（编号AL666-1），发现于哈达尔（埃塞俄比亚），归类为能人，与奥杜威石片和砾石一同被发现。

—— 有240万年历史的下颌骨化石（编号UR501），发现于乌拉（Uraha，马拉维Malawi），归类为鲁道夫人。

—— 2013年在莱迪-格拉鲁（Ledi-Geraru，埃塞俄比亚）发现的著名的LD350-1号下颌骨，距今竟然

有 280 万年，却有明显的人类颌弓骨特征，臼齿窄小，
前臼齿对称，下颌升支位置在第三颗臼齿处。

　　——此外，最古老的奥杜威风格工具出自这个时
期，年代大概在 260 万到 230 万年前，来自戈纳、莱
迪 – 格拉鲁、哈达尔和奥莫（Omo，埃塞俄比亚）以
及洛卡拉雷（Lokalalei，肯尼亚）。

　　我们在非洲南部也找到了一些匠人的化石〔斯
瓦特科兰斯（Swartkrans）洞穴的 SK847 号头骨和
SK15 号下颌骨，以及斯泰克方丹（Sterkfontein）的
SK15 号头骨〕，这样一来，事情就更加复杂了。

　　总而言之，我们尚待解决的几个课题是：第一，
构建南方古猿和人族的身体及大脑的演变过程。有一
个分支身体小，脑部略大；另一个分支身体更大，体
态更现代，脑部也是逐步增大。第二，弄清楚东部与
南部之间的古猿流动情况，这将解释南方古猿各原始
群体之间的进化关系以及这两个地区人族之间的进化
关系。第三，了解非洲中部（例如，乍得地区的一些
孤立标本）和北部（例如，前面提及的在阿尔及利亚
找到的资料）相同时期的人类发展情况。

进化前和进化后

　　我们回到 200 多万年之前，也就是"现代人类"

开始取代之前人族原始群体的那个时候。此时能人采用一种频繁的树栖生活方式，能人和鲁道夫人牙齿的快速生长也更接近非洲猿猴而非现代人类，而匠人的进化路径看起来跟前面这两种又不一样。从那时起，人类原始群体的形态和行为发生了巨大变化。脑容量的增加让他们认知能力逐步增强。这一时期标本的脑容量已经超过了800毫升（需要参考地质时间），有的甚至已达到1000毫升（OH9号头骨）。他们的颅后骨骼已经不再显示树栖生物的特点，而具有现代人外观，从手指的比例和手腕的形态上也能看出他们的手更具灵巧性。他们的头脑已经具备了发明的能力，用"现代"的双手改进了石器技术，并且想出了所谓的模式2或阿舍利技术（Acheulean Industry），该名称取自法国化石遗址圣阿舍利（Saint-Acheul）（工具出土的地方，所以用来命名这种文化）。实际上，它是人类最古老的技术，在180万—160万年前在非洲出现，大约在60万年前在欧洲普及，随后一直在非洲和欧亚大陆存在，一直持续到不久以前。例如，我们在19万年前的沙特阿拉伯的萨法卡（Saffaqah）找到过，还在10万年前左右的欧洲西部好些地方发现过。这项技术体系中最有特点的就是双面器，以及用石料制作的大型手持物品：石斧（斧刃是横穿过石料中线的石块）和三面体新石器（粗的石尖上有三个平面）。制作双面器需要非凡的思维能力来思考其设计以及中间的制作步骤，并且要找到对称和平衡。这些工具在必要时可以再次打磨边缘，由于其多功能性，通常称被叫做史前的"瑞士军刀"（可用于切割、刮洗、挖掘、打磨等）。

因此，人类在日常生活中使用了石器技术后，便可以经常获得肉类、骨髓、根茎等物品。匠人牙齿的磨损度表明他们经常食用肉类。另外，他们还食用水生动物，例如乌龟、鱼，甚至鳄鱼。在早期人类食物残渣中发现的水生动物并不多，但是足以表明这些富含脂肪酸和其他大脑发育所需的营养素的动物已经在他们的日常食谱中。大脑尺寸的增长又可以激发计划能力和想象能力（例如制造双面器物的想象力），这些都有助于他们完善使用资源的技术和策略。于是，身体的其余部分也在发生变化，随着大脑所需消耗的能量摄入的逐渐增加，其他部位（例如消化系统）的体积则在慢慢减小。可以说非洲的匠人和亚洲的直立人分别标志着人类进化的前与后。

在这次"现代性"跨越中，我们能找到同理心的迹象吗？艾伦·沃克甚至称匠人为"他那个时代的迅猛龙"。"假如你能够看到他们其中一个的眼睛，劝你还是不要继续看了，赶紧跑！他们有着人的外貌，但是你们之间不会有交流，你会成为他们的猎物。"相反，米夫·利基（Meave Leakey）认为："任何与黑猩猩或大猩猩待了几秒钟的人都知道这些灵长类动物与我们息息相关。当然，直立人比现在的猿猴类有更大的脑容量，跟我们有更直接的关联性。"

　　假如我们看着那些人族中一人的眼睛，我们会看到什么呢？透出迅猛龙般令人不寒而栗的寒光还是带着暖意的点点星光？即使在那么古老的年代，我们在化石记录中还是发现了三种富有同情心的行为迹象。

　　让我们回想一下图尔卡纳男孩，160万年前生活在库比佛拉（Koobi Fora，肯尼亚）地区图尔卡纳湖附近的匠人。在他几乎完整的骨骼中，我们可以发现这个男孩在死前的几个月里腰椎出现了问题，很可能是由疝气引起的。马丁·豪伊斯勒（Martin Haeusler）和其他研究人员估计，他常常背痛、坐骨神经痛，这些会在一段时间内限制他的日常活动，并需要社会关注和他人照顾。另外，他还有颗臼齿感染了，很可能

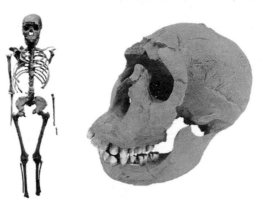

图 3.3　图尔卡纳男孩头骨和骨骼（编号 KNM–WT 15000）

是他不久后死于败血症的原因。

　　大概在同一时期，在 40 公里外的地方生活着一个女性匠人，其化石编号为 KNM-ER1808。按照艾伦·沃克和布鲁斯·罗斯柴尔德（Bruce Rothschild）的解释，由于摄入过量的维生素 A（维生素 A 过多症）导致中毒，她的某些骨骼的化石表面呈现异常。动物摄取维生素 A 后，身体会将富余部分储存在肝脏中。食肉动物，例如狗、狮子或熊，吞食其他动物也会食用其肝脏。如果动物饮食中摄入生的肝脏过多，最终就会出现维生素 A 过多症状，也就会发生 ER1808 号化石遭遇的情况。她的病状应该发展了数周甚至数月，期间出现脱发、皮肤干裂和骨膜（围绕骨骼的组织）脱落，从而导致内出血，凝结成块覆盖住了骨骼表面，最终血块在一段时间后骨化。在这个人死亡前出血现象应该持续了数周甚至数月，血块需要经过相当长的一段时间才可能骨化，然后形成我们看到的 ER1808 号化石。此外，受病情影响，她肯定会有腹痛、恶心、头痛、头晕、视力模糊、无力、肌肉协调能力丧失等病症……这使她在很长一段时间都受疼痛折磨，并处于无法行动和无自我防御能力的状态。

　　　　有人照顾了她。否则，她孤独一人，定
　　会无法行动、神志不清、病痛缠身，1808 号在非洲丛林中不可能活过两天，比她的骨骼告诉我们的时间要少很多。有人给她送水，可能还有食物；这需要 1808 号在水源附近，而且帮助她的人需要用某种容器将水带给她。还应该有人在保护她免受到处流窜的鬣狗、狮子、豹子侵袭，避免她因无法逃脱而成为这些动物的美味小食。在漫长的非洲黑夜里，有人在陪伴着她，这只能是出于人类的关怀。因此，1808 号虽然没能向我们展示出直立人的形态，却告诉了我们一些更出乎意料的事情。她的骨头是一件令人震撼的证据，从中能看出其社会交往和个人之间的密切关系，这些迹象远超于我们在狒狒、黑猩猩或其他非人类灵长类动物身上看到的联合和友谊。

［沃克＆希普曼（Shipman），1996］

虽然这些都是发生在 160 万年前，但我们还记得编号为 ER1808 的人族祖先那时已经开始在欧亚大陆扩散。就像沃克说的那样："一旦你开始吃肉，你就会依赖其他动物对不同植物的适应性，并开始长途跋涉。"几千年来，随着"现代人类"的出现，人族的外形不断改变，与此同时，人们对外界也在不断探索，新的行为动机不断出现，获取食物的技术和方式同样在发展。东非的荒漠化促使某些群体迁移到新的湿润地带寻找资源。我们要再次强调进化演变不会由单一原因造成，也不会呈线性发展。位于中国东部的黄土高原面积约 64 万平方公里，有证据显示，匠人在非洲生存的时期，也有不同的原始群体在黄土高原上生活，在那里挖掘发现的石器组合可追溯到 210 万年到 160 万年前。其中最早的遗迹发现于 2018 年，位于中国北方的上陈。2019 年，又发布了于约旦道卡拉（Dawqara）遗址发现奥杜威风格工具的消息，时间可追溯到 250 万年到 200 万年前。因此，人类迁徙浪潮时间跨度比较大，并发生在不同的气候状态下：无论是在炎热和潮湿气候还是在寒冷和干燥气候状态下，都发现了石器工具。而对应的人类遗骸可追溯至 180 万年前，生活在遥远的非洲达曼尼（Dmanisi）——今天的格鲁吉亚。这与我们之前面提到过的库比佛拉最古老的化石生活时期相差不久。一些原始群体从非洲跋涉 4000 公里到了格鲁吉亚，10000 公里到了中国，而还有一些原始群体则停留在非洲继续演变。而且，我们不要忘了，他们还到了亚洲东南角——爪哇岛，距离北京 5000 公里，时间大约在 150 万年前。虽然我们将这支成绩非凡的物种统称为直立人，但是每个地方的化石都有各自的独特之处，这可以用地理相对孤立现象来解释，数以千计的原始群体分别在新的地带定居下来，给下更新世人类原始群体带来了惊人的多样性。

　　现在让我们驻足在德马尼西（Dmanisi），这个欧洲与亚洲之间高加索地区的"十字路口"。在那里发现了许多的人类遗骸，时间大概在 186 万到 176 万年前，这个地方距离任何一个已知有人类活动的地方均有 2000 公里。还有成千上万的动物遗骸，包括许多食肉动物。人类遗骸以五个头骨和其他几块颅后骨为代表，另外还有 2000 多件奥杜威风格的石器。非洲阿舍利技术也是在同一时期发展起来的。他们是谁呢？ 德马尼西的直立人与非洲能人基本上是同一时期（180 万年前），却相距数千公里。他们会是我们之前提到过的非洲原始群体之一的后裔吗？还是虽同属于非洲原始群体但至今未知的一个原始群体？德马尼西的 3 号头骨与库比佛拉的 ER1813 号现代能人有好些相似之处：头骨大小、面部轮廓和外壳轮廓相似，上颚的形状和深度相似，脑容量（600 毫升）也相似。要是把德马尼西这五个头骨各自的变化性考虑进去，那么要确定他们的发展关系就更加复杂了。例如，5 号头骨的脑容量非常小（546 毫升），形态健壮，面部较大且突出，下颌很高，臼齿较大。从解剖学角度来看，与非洲早期的人族极其相似，以至于德马尼西项目负责人大卫·洛尔德基帕尼泽（David Lordkipanidze）提出了早期人族的唯一进化谱系（直立人），其中也包含了能人。一些古人类学家则辩解说德马尼西有不止一种物种；另一些学者则把非洲标本（鲁道夫人、匠人），亚洲标本（直立人）和德马尼西化石标本都放到直立人这个谱系下，但在形态上与能人不在同一谱系。

德马尼西的 4 号头骨十分不同寻常，下颌骨里只保留了一颗牙，而且牙槽被吸收。这个人肯定是个成年人，去世前牙齿已经掉了很多年。他能存活下来一定很不容易，只能吃植物或者经过处理、便于咀嚼的肉类，以及其他容易吞食的食物，例如骨髓。我们无法得知他是自己一个人生活还是有人帮他，但是洛尔德基帕尼泽把这个案例当作人类关怀的例子。罗伯特·萨拉（Robert Sala）认为像这样的个体是凭借他们的知识而获得照料，因为他们掌握群体存活最基本的信息，"他们是那些记得干旱时哪里有水、物资短缺时去哪儿能找到资源的人"。很难确定群体效应是什么

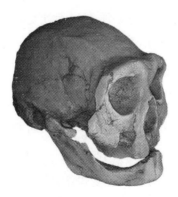

图 3.4　德马尼西（乔治亚州）的 4 号无牙头骨

时候结束，真正的利他主义又是什么时候开始的，但是能够认识到这个人的特殊性就已经证明了"人类"的进步。

那些早期人类已经有了照顾群体内部其他同伴的意识，与他们一起克服今天难以想象的困境。正如我们将在第八章中看到的那样，其他灵长类动物之间也互相帮助和安慰，比如离我们最近的黑猩猩。但是，我们观察到的这些照顾之间有极大的区别：黑猩猩在某一时刻会提供支持或保护，但是这种照顾并不持续，不具备长期性。就好像佩妮·斯皮金斯教授所描述的那样，一只受伤的黑猩猩在其团队移动时很可能会被抛在后面。160万年前库比佛拉那位维生素A过多症患者或是180万年前德马尼西那位无牙者，他们受照顾的时间要长得多，需要同族人根据他们的需求提供协助并长期持续。如果200万年前人类在身体和文化方面发生了明显转变，那么作为社交动物的属性也应该是那个时候产生的。当人族在热带森林生活时，就捕食者而言环境相对稳定，于是他们便保留树栖生活方式以求安全。但是后来森林敞开，草原环境不稳定，需要新技能才可能生存。地球上早期人类的快速迁移便是一种这样的能力，同时也是一种社会关系的转变。200万年前发生的气候改变也造成了生态系统的变化，食物资源变得越来越重要。一些诸如傍人的人类原始群体数量就开始减少直至灭绝，另一些原始群体则不断适应环境，并且面对进化压力，其社交技能有所发展，比其他原始群体有优势。罗伯特·弗兰克（Robert Frank）认为态度上的"情感承诺"，例如，同情心、遗憾或共情等，成为这些人应对不可预测的新环境、探索新的生态系统、处理群体碰到的不利因素的依托，例如，原始群体成员生病或者身体虚弱。他们没有成为弱势群体，这种协助反而让他们更加坚强。他们发现在冒险帮助他人的同时，自己也会感同身受，然后整个原始群体因此获益而继续向前发展。可能事实并非如此，但是在进化的道路上，拥有这些品行的原始群体得到了发展。从逻辑上讲，这种发展不是突如其来的，正如斯皮金斯所说的那样，每个微小真情符号的流露都是一种进化。人类不断借助给予他们的机会，慢慢进化成值得信赖的动物。他们帮助弱者，显得很有耐心，能够雕琢日益精细的工具，传播制作工艺。而且，这种社交态度将回馈他们以某种愉悦的感受。原始群体生活中这些策略发挥得越好，自然选择就越起作用，就更有利于产生协作基因而履行情感承诺。我们经常说这种行为是"印刻在我们基因上的"，这句话并非偶然。

第四章

大脑的再构

消失的大脑

前几章中，我们已经看到早期人类的化石向我们讲述了三个可能的证据：一是这一时期人体整体发生了现代转型；二是人类原始群体在欧亚大陆范围内不断扩张；三是人类的高级认知能力也在发展，比如创造了非洲阿舍利石器技术。这些证据也许能佐证在出人意料的远古时期，人类的同情心已经存在。在与上述进程相近的时间跨度内，我们还观察到了一些不可忽视的迹象：人脑发生了重大转变。严格地讲，我们指的是人的大脑，因为人脑是由大脑、小脑和脑干共同组成的器官。人脑软组织无法留存，所以人脑与同情心一样，不会成为化石。不过，我们确实可以通过许多头骨化石来复原对应人脑的相关信息。几年前，人们以化石为基础，用石膏、树脂和塑料等材料制成颅内模具以供测算和研究（比如，人们为了估计脑容量而用植物种子填充模具）。如今，人们利用计算机辅

助显微断层摄影、磁共振成像以及其他临床技术、生
物医学技术、信息技术和图像分析技术来构建虚拟模
型，将很多印刻在颅内骨膜上的大脑皮层形态和组织
的细节也一同展现出来。人们便得以观察到脑沟与脑
回的形状和位置，对人脑不同区域间的边界进行定位，
并通过识别血管留下的痕迹来研究血液的流动。

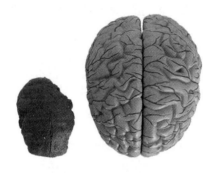

图 4.1　化石与现代人脑模型对比

只有极少数化石例外地保存了颅内骨膜的自然形态。这是汤恩儿童头
骨化石，与现代人脑的仿制模型一起对比展示。在化石形成的过程中，头骨
充满了慢慢压紧的矿物质。这个例子可以表明南方古猿阶段顶叶发育的初期
状态。

　　脑容量大小一直是并将继续作为阐释人类进化状
态的一个重点研究对象，因为头骨是在化石形成过程
中保存得最好的骨骼之一。几十年来，新的考古发现
不断为我们的进化历程增添新的物种和化石，人们逐
渐观察到人脑的整体尺寸随着时间变化而增长：在

六七百万年的进化过程中，增加了近三倍。由于这种增长大部分集中在最近的 200 万年中，因此人们通常探寻人类认知与被称作"脑化"的这段成长过程之间的关系。所有物种的大脑重量都随着体重的增加而增加。但对于包括灵长类动物在内的一些动物而言，他们大脑的重量远超根据其体重预判的重量（将异速生长现象考虑在内，异速生长表现为器官对比身体尺寸，以更大或更小的比例增长）。大脑在体重中所占比重较高的动物往往更聪明。而且，在目前的灵长类动物中，人类的脑重比例明显大于大脑相对身体尺寸的比例。然而，大脑尺寸更大却不意味着更聪明。传统意义上，人们认为人类的智力与脑化的程度相关，并且（尽管很不稳定）确实观察到了二者之间的一些相关性，但是智力似乎与皮质神经元的数量以及信息传输的速度有着更直接的关系。正如我们在前几章中所看到的那样，人类的进化并不是线性、进阶或渐进的，当然，大脑的进化也不例外。

其实"智力"的定义也有待商榷，这里我们是单纯依据西班牙皇家语言学院词典将其理解为"解决问题的能力"。凭借自身的智力，生物可以根据其所处的环境条件采取适当的行动。好在人类大脑能够吸取大量能量，这样人类的行为才与任何其他物种所做出的动作天差地别。于是，人脑的进化通常就与一切能制造工具的新机能的发展联系起来，另外跟地域迁移、自身防卫、预防危机、寻找食物所需的机能发展也有关联；最为重要的还是人脑进化与社会生活复杂性的增长密切相关。

　　这样一来，我们就总是看到这些机能与早期人族及其卓越的大脑间的密切关联——在180万年前，早期人族的大脑容量就迅速进化到近1000毫升。但是，在南方古猿中已经能观察到脑化进程。虽然他们的大脑没有那么大，可是从这个原始群体的第一批成员到最后一批成员，这个小小的大脑也几乎增长了一倍。在大约200万年前左右（我们已经多次提到这个时间点，这并非偶然），早期人族的身体与南方古猿相似，但是大脑更大，而鲁道夫人的大脑比能人的大脑大得更多。人族的很多族系都按照不同的速度，各自独立地发育了大容量的大脑。

表4.1　人族各族系的脑容量范围

物种	平均脑容量（毫升）	脑容量范围（毫升）
阿法南方古猿	446	387—550
非洲南方古猿	462	400—560
能人	610	510—687
鲁道夫人	789	752—825
匠人	801	750—848
直立人	941	727—1220
海德堡人	1266	1150—1450
尼安德特人	1488	1200—1700

续表

智人	1330	1250—1730
物种	平均脑容量（毫升）	脑容量范围（毫升）
黑猩猩	405	350—450
大猩猩	500	400—685

另添加了普通黑猩猩和大猩猩的脑容量以方便对比。参考荷路威 R.L.（Holloway R.L.，2009）等人的研究。

重要的不仅是尺寸

我们回到本书的核心主题，在脑化过程和涵盖了共情行为的"人类特有"的认知能力之间，是否能找到关联性？如果在人族的早期代表中，神经颅就以非常惊人的方式生长和变化，那么现在我们就会看到他们因大脑不同部位和神经网络的进化而导致的行为改变，实际上自从第一批人类出现以来，大脑中与社会生活、同理心和同情心有关的结构就已经在发生改变了。

总的来说，无论在宏观还是在微观层面，对于大脑的运行和进化，我们需要学习的知识还有很多。人们对已发表的研究并没有达成广泛共识，古神经学的相关研究也缓慢但稳定地进行着。不过，我们会逐渐发现许多早期人类原始群体大脑进化的迹象，这些进化不仅仅体现在体积上，也体现在大脑组织上：我们发现就形状而言，大脑某些区域的变化大于其他区域。总的来说，人族的化石记录讲清楚了一个故事：在 200 万年前，大脑开始经历重大重组。从结果来看，我们已经可以想象：大脑主要的变化与社会功能有很大关系。从宏观层面去把握那些主要的大脑演变，这通常会在古神经学家之间达成更广泛的共识。

对于埃米利亚诺·布鲁纳（Emiliano Bruner）和其他研究人员而言，我们大脑主要的不同之处在于顶叶的隆起。这一区域发育得很早，分娩之后就开始了，主要发生在楔前叶，这个部位位于顶叶的背面，在左右半脑之间。同样拥有静脉血管和动脉血管的颅顶血管系统也发生了重要而复杂的演变。这一点在其他人种或其他灵长类动物中均尚未观察到。颅顶的各个区域都十分复杂，并且与诸多认知过程相关联。其中，视觉空间整合和视觉想象力的产生有些与众不同，它们会影响到环境与身体、眼睛与手之间的协调性，这对于制造工具和想象如何制造工具都是必不可少的。颅顶这些区域同我们与回忆间的联系以及个人在空间、时间和社会环境中的自我表现都有关系。

观察早期人类可以发现，相比于大脑体积的发展，颞叶增长得比预计的快。这个区域的功能与记忆和感官识别（包括面部、物体、声音等）有关系。

人类大脑的额叶也在增长，不过是与大脑大小成比例增长。无论如何，较大的额叶在诸如制定计划、预测事件、控制行为、集中注意力、社会交际、运用记忆整合经验与知识来做出决策等方面起着重要作用。腹侧前额叶皮层或眶额叶内侧皮层的大脑区域尤其参与了同情心和共情力的形成过程。对于蒂耶特里奇·斯陶特（Dietrich Stout）而言，旧石器时代晚期的技术发展意味着当时信息的层次组织和习得技能的社会机制会更加复杂，抽象表达的能力会更强，这些能力可能都与额叶的进化程度有关，具体而言，是与最靠前的那部分，即额叶前皮层相关。另外，对于布鲁纳（Bruner）而言，人类额叶与大脑其余部分间的联系比其他灵长类动物更加紧密。

另一方面，我们的大脑额叶右侧较大，而枕叶左侧较大，这导致了脑部中轴转矩的产生。人脑的这种不对称性可以追溯到很久之前。在南方古猿身上，没有观察到"大脑转矩"现象，但是人们在能人的头骨中开始频繁发现这一现象；而直立人的这种现象更为普遍。社交、整理这类的认知功能（与右额叶相关）可能受到这种不对称的影响。此外，右顶叶通常要比左顶叶大一些，但这种差异的变数很大，尚未得出明确的结论。

人脑的功能非常明显地偏侧化，对右手的使用就证明了这一点。与其他灵长类动物相比，人类中右利手个体的比例要高得多,而且早在能人时期就已经存在惯用右手的趋势。工具在门牙上留下的痕迹表明,他们把嘴当做"第三只手"来固定住肉类或其他材料。偏侧化被认为是早期人族大脑重构的另一个标志。此外,在能人(Homo habilis)和鲁道夫人(Homo rudolfensis)左半脑的布罗卡氏区域,已经出现了一定的凸起。这个区域对使用语言有重要影响。虽然不能由此直接推论出语言的古老起源,但这确实是上述重组初始的另一个可能的例证。

最后,最近的一项发现很可能是大脑进化的另一个重要因素:发现于1996年的镜像神经元。当一个人执行某种特定动作时,他身上的这些神经元就会被激活;当观察到他人在做相同动作时,它们也会被激活,就好像观察者自己在执行动作一样。对于像拉玛钱德朗(Vilayanur S. Ramachandran)这样的研究者而言,在对复杂行为进行模仿和产生换位思考的共情感受的过程中,都有镜像神经元的参与,这便是很多人提及的7.5万年前现代人类的"认知爆炸"的基础。

因此,大脑进化的特征在于整个体积的快速增长和两种不同类型的遗传变化促成的一系列大脑其他部分的再构。莫妮卡·阿雷汉得拉·罗萨雷斯-莱诺所(Mónica Alejandra Rosales-Reynoso)曾这样描述它们:

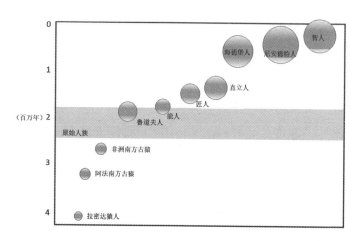

图 4.3　颅容量与人类进化的时间轴关联图示

　　图为将颅容量（圆的大小）与人类进化的时间轴（纵轴）相关联的经典图示之一，该图示参考了霍洛韦 R.L.（Holloway, R.L., 2009）和怀特 T.（White T., 2009）等人的研究数据。大脑尺寸十分重要，但其他因素也很重要。

　　——物种一级遗传变化。自然选择在基因组的蛋白质编码区域发挥积极作用，导致现有蛋白质的序列和活性发生变化（例如，与语言相关的 FOXP2 基因），基因被复制或删除（例如某些与嗅觉受体相关的基因），接着基因表达发生变化，从而影响许多神经元的活动进程，以及合成基因组的非编码 RNA（ncRNA）（例如参与人类大脑皮层发育的神经元活动的 HAR1 区基因）。

　　——个体表观遗传变化。通过个体与环境相互作用而产生的适应机制来实现。

大脑及其发育

与大脑发育相关的一个重要因素是早期人类物种的生理发育速率的转变，尤其是儿童期的发育和延长。黑猩猩、大猩猩和南方古猿的儿童期约为5—6年（红毛猩猩长达8年），然后是青春期，一直持续到11—12岁进入成年期。反之，当前人类的哺乳期（时间短）为1年或2年，儿童期延长到7岁，青春期到10—11岁，然后青春期接着是成年期。雌性黑猩猩（和大猩猩）每隔5年产子，而人类则可以每隔1—2年生一个孩子。童年期和哺乳期的缩短，有利于人类原始群体保持稳定的人口增长。

此外，一岁的黑猩猩脑体积几乎与成年猩猩相当（350毫升），这让它在生理上很少依赖或不依赖他人。四岁时，他们的大脑便停止了增长。南方古猿也可能是这种情况。而人脑的发育却大相径庭。一个新生儿的脑体积大约在300到400毫升，一年后达700到800毫升，但还远远没有达到成年人的容量（1350毫升）。即便孩子的大脑非常不成熟，但是在童年期，他在7岁前大脑会一直以惊人的速度成长和发育。这种成长对神经可塑性（人脑的根本特征之一）至关重要。神经可塑性是人类神经元在一生中改变自身结构和功能的能力，即在结构和功能上的神经元再生，并形成新的突触连接，例如与外界互动的反应。人脑神经的高度可塑性可能是脑容量较大的人类原始群体提早分娩选择的间接结果：正是这个原因，分娩时婴儿大脑尚未成熟，并在出生后在环境、社会和文化等影响下继续发育。不同研究表明：这些因素可以塑造大脑的生理结构和人类的行为，可塑性大脑可以更有效地利用外部经验来形成负责行为的神经回路。马尔克斯·加西亚–迪亚斯（Marcos García–Díez）和其他作者还特别指出：由于人类的不成熟后代需要关注和照顾，所以他们就成了加强个体间联系和增进种群社会化的要素，从生物学角度来看，这也是我们与其他物种相比的独特之处。生理变化带来的影响还体现在社会结构的变化上，并可能重新调整了原始群体的活动，以便将照顾婴儿更好地融合进来。

另一方面，人脑的另一个差异化因素出现在髓鞘化（用髓鞘保护神经元轴突）过程中，它使神经冲动的传导速度增加了100倍。人类从出生后就开始髓鞘化，在现代人类中，皮质髓鞘的形成能够一直持续到30岁或更长时间，而在其他灵长类动物中，这一进程则在青年阶段就完成了。

我们对比南方古猿（可能与黑猩猩相似）和现代人的大脑发育模式可以发现：自200多万年前的早期人类至今，大脑发生了明显的转变，这种转变在直立人群体中表现得尤为突出（例如，一些中更新世人的牙齿已经显示出与现代人类相似的缓慢发育状态）。在进化这条路上，人类婴儿的不成熟期和依赖期逐渐延长，直到进入童年期的高级阶段。本章介绍的大脑重构进程是伴随着人类发育模式的变化的。

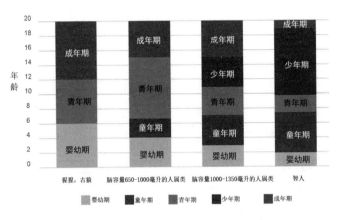

图 4.4　关于人的生长和发育期调整的假设

童年和青春期应该在人族阶段已经出现，发展到智人的时期形成目前人类的状态。参考贝穆德斯·代·卡斯特罗 J.M.（Bermúdez de Castro J.M., 2013）的研究。

新的挑战

有两个人类原始群体给我们对脑化的认知带来了挑战——弗洛雷斯人和纳莱迪人。他们是身体和大脑都很小的人类原始群体，却生活在距今不远的时期。

弗洛雷斯人是10万—6万年前生活在弗洛雷斯岛（Flores，印度尼西亚）的原始人类。该人种最早发现于梁布瓦（Liang Bua）洞穴内，遗骸中包括一具相当完整的骨架。他们也被叫做“霍比特人”，因为他们的身高刚刚超过1米。尽管他们的大脑容量很小，只有大约420毫升，却与复杂的雕刻工具、使用篝火和岛上被处理过的动物残骸有关联。在岛上的另一个地方——玛塔蒙哥镇（Mata Menge），也出现了年代更为久远，历史超过70万年的工具和更多的人类遗骸（尚未明确人种），这使得人们认为弗洛雷斯人是一支遗留原始群体。他们也许是直立人的后代，同那里的其他哺乳动物一样，在几千年中历经了完全孤立的演化，形成了一种岛屿侏儒症（例如侏儒剑齿象，类似大象）。实际上他们大脑的形状与直立人相似，特别是与高级认知过程有关的额叶和颞叶。然而，他们头骨的某些特征比直立人的要更加原始，这也导致威廉·荣格斯（William Jungers）和其他人认为弗洛雷斯人实际上可能是小能人的后代，而不是因为孤岛侏儒症在弗洛雷斯岛上身材缩小的人族。

纳莱迪人发现于新星洞穴（Rising Star，南非）的喀斯特地貌区中，他们存在于33.5万至23.6万年前（纳莱迪在塞索托语中意思是“星”，对应洞穴的名称）。目前还没有发现可以证明他们会使用工具或火

的证据，但是有人认为他们已经具备了能够适应包括
洞穴在内的复杂环境的能力。这些人的身材矮小（他
们的脑容量在 460—610 毫升之间），但并没有像弗洛
雷斯人一样，受到孤立生存环境的影响。纳莱迪人与
其他脑容量接近现代人类的原始群体一同生活在非洲
南部。他们到达了新星洞穴（迄今为止已知的）最深
的两个洞窟，距离入口 80 米深，分别被叫做迪纳勒迪
（Dinaledi）洞窟和莱塞迪（Lesedi）洞窟。李·伯格
（Lee Berger）和其他早期研究纳莱迪人的学者指出：
这些纳莱迪人很可能已经会用火照明，并运用大量技
巧穿越狭窄的路径和陡峭的峡谷，而且出于某种原因
将很多本族人的尸体留置在洞窟中。研究者对这一假
设也有过讨论，有的认为他们可能是为了逃避捕食者
而躲到了这里，也有的认为是自然原因导致尸体位置
发生了位移，但是尚未发现尸体被拖移的证据，也没
有其他动物因为类似原因出现在这里的证据。纳莱迪
化石保存得很好，上面没有割划、断裂或腐蚀的痕
迹：没有被食肉动物搬运或者食用的迹象。这个地方
很难进入，目前看来洞窟没有通向外界的其他出口，
这似乎也可以解释为什么没有其他动物的遗骸（猫头
鹰除外）了。像弗洛雷斯的霍比特人一样，纳莱迪人
虽然大脑很小（只有大猩猩的头脑那么大），却似乎表
现出了惊人的认知能力。因此，在纳莱迪人的大脑中

发现与其他人类原始群体非常相似的进化特征也就不足为奇了，例如额叶以及其他参与活动规划（制造工具）、语言表达和社交技能的脑部结构。也就是说，除了大小以外，纳莱迪人的大脑比南方古猿和其他大猿类更接近我们的大脑。

认识大脑进化过程的下一个挑战是了解这一过程在我们自己智人物种中的发展情况。到 2017 年为止，

图 4.5　智人、弗洛雷斯人、纳莱迪人头骨

上图：赫托智人（Herto）和杰贝尔·依罗人智人（Jebel Irhoud）的头骨。下图：LB1 号头骨化石（弗洛雷斯人）和 DH1 号和 DH3 号化石组合成的头骨（纳莱迪人）。

智人最古老的遗骸是埃塞俄比亚的奥莫·基比什（Omo
Kibish）和赫托（Herto）遗骸发现的头骨，分别有
1.95万年和1.6万年的历史。他们的头骨呈球形，与
现代人类的头骨非常相似，与先前物种的低头骨和扁
平的前额不同（海德堡人、罗得岛人）。据估计，智人
大约起源于25万年前，与欧洲尼安德特人的发展时期
相同。2017年，研究者在对杰贝尔·依罗地区（Jebel
Irhoud，摩洛哥）的一组人类遗骸进行研究后得出如
下结论：这些遗骸是已知的最早的智人标本，可追溯
至35万至28万年前。然而，虽然他们的脸部、牙齿
和颌骨颇具现代性，但仍保留了一些古老的特征，例
如突出的眶上弓、细长而低矮的非球形头骨。继具有
古相的杰贝尔·依罗人之后10万多年，奥莫和赫托智
人的头骨与我们的头骨极为相似，而且脑容量也与我
们相当，甚至略高一些。即便如此，在奥莫和赫托智
人之后又过了10万年，现代人类才开始创造艺术，并
表现出今日这样的象征性思维。尽管奥莫和长者智人
的头骨形态几乎与现代人类相同，但我们不能保证他
们的大脑结构与我们一致。

最后还有一个值得一提的挑战，从2万至1万年
前开始，现代人类脑容量出现了明显的下降（这与
之前的发现有些矛盾）。马克西·亨内伯格（Maciej
Henneberg）指出，男性脑容量平均减少幅度为10%，

女性为 17% 。但是，其原因的探寻仍处在推测阶段：
我们可以假设脑容量减少与日益苗条的骨骼、农业人
口营养状况的改变或者大脑为满足能量需求增加而进
行的优化性结构重组等因素有关。

第五章

石化之爱的第一个样本

100 万年以前

在 100 万年前，最早到达西欧的人类占据了阿塔普尔卡山脉（Sierra de Atapuerca）。通过观察动物残骸和花粉痕迹，我们得知当时那里是一个温暖潮湿的地方，有许多开阔的草地、湖泊、河流、池塘，还有由大量橡树、栎树、白桦树、松树和栗树组成的地中海森林。这是各种动物理想的栖息之地，它们成为了那些人族饮食中重要的组成部分：如鹿、马、牛和犀牛。这些也是阿塔普尔卡化石中最常见的动物，这些化石上留有工具人为处理后的痕迹。与人族共同生活的还有大型食肉动物，例如寻找相同食物资源的欧洲美洲豹。

迄今为止，格兰·多利纳（Gran Dolina）遗址保留了许多人类行为相关的样本。100 万年前，格兰·多利纳是一个深约 27 米，某些地方宽度可达 12 米的山洞，冬季和春季会有部分蓄水。有一次，它的顶部坍塌，于是山洞就向外界打开了，进而形成了一个天然的动物陷阱，尤其能诱捕那些食草动物。拱顶坍塌之后，在遗址对应的地层中就已经有人类生活，并且在接下来的80万年中，人类不同程度地使用这个山洞，同时逐渐通过三个入口填充沉积物，直到大约20万年前该洞穴被堵住为止。具体来说，11个地层中有5个地层留存了人类活动的证据。其中最古老的大约有95万年的历史：它们是几条切得很粗糙的石英岩，类似于我们在第三章中看到的模式1，还有加工过的犀牛、马和鹿的动物遗体。同样值得注意的是，在那里还出现了熊（多利纳熊Ursus dolinensis，在该地点发现的物种）、欧美洲豹甚至还有猕猴的下颌骨碎片。在欧洲发现的奥杜威风格的石器和在非洲发现的并不一样，没有以成品形式出现，而是较小的薄片。工具虽然表面形式简单，但并不意味着制作过程就不复杂。从寻找和运输优质原材料、制备原材料到采用具体技术手段做出想要的物件，整个过程都非常繁琐。

　　这些人是谁？通过对格兰·多利纳最古老地区进行的地层勘探，人们在90年代发现了欧洲最古老的人类遗骸，也就是何塞·玛丽亚·贝穆德斯·德卡斯特罗（José María Bermúdez de Castro）等人所称的"前人"，这个原始群体在至少80万年前就定居于此。这组人类化石大概180余片，属于至少8至11个个体，其中有牙齿、头骨和下颌骨碎片，还发现了数百件与模式 1 相关联的石器。该原始群体融合了（或者说嵌入了）一些太古代特征和衍生特征。他们的脸部特征十分现代：平坦、小巧，有一个犬窝（眼眶下方的上颌骨表面凹陷），而且颌骨很薄，不太凸显。不过，他们保留了双眉骨、额头后倾、鼻孔大、牙齿小，略大的铲形门齿以及没有下巴等原始人的特征。他们个子很高，在 1.7 米到 1.8 米之间，身材丰满健壮。其成长阶段与现在人类相似，只是童年期和青春期较长，平均寿命约为 40 岁，脑容量约为 1000 毫升。

目前前人的化石数量还很少，我们期待着格兰·多

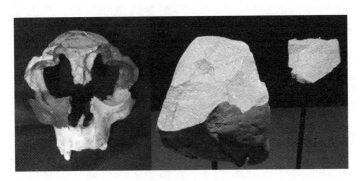

图 5.1　人类祖先和格兰·多利纳 TDW4 级石器

左图：前人，由 ATD6-15 号（额骨碎片）和 ATD6-69 号（上颌骨和左颧骨）化石组成的头骨，距今约 80 万年的历史。

右图：格兰·多利纳 TDW4 级的石英岩芯和石英岩薄片，距今约 95 万年的历史。

利纳有更多新发现，但要了解那些人的行为，我们已经有了足够多的信息。他们主要捕食大型有蹄动物，尤其是鹿（成年鹿和小鹿），有时也食用其他猎物（犀牛、猕猴、狐狸）。除了制作石器工具外，他们也使用木材，但因为还不会用火，所以只能吃生肉。他们不断地移动，并将洞穴用作营地来把原材料运到那里进行加工，并且也会把动物遗体运来与该原始群体的其他成员一起享用。他们会在那里避难，保护自己免受竞争对手的攻击。还有一个惊人的数字：四分之一化石带有表明他们食人的信息。人类的骨头与其他成鹿、小鹿和野牛的骨骼被遗弃在一起。这些骨头上有反复多次的断口、切口，方便他们折断骨头、抽出肌肉、摘除内脏以及切除骨膜、抽出骨髓。此外，食人迹象出现在不同地层中表明这种行为可能在那几千年中一直都存在。有不同的假设来解释上述行为的动机。满足对营养的需求？实际上，他们似乎没有这种需要。该地区资源丰富，牙齿上的痕迹表明他们摄入了坚硬且具有磨蚀性的蔬菜以及骨髓和生肉。最有说服力的假说是部落之间为占据空间而产生对抗，他们会袭击对本部落不构成威胁的敌对团体的年轻成员。而所有这一切，都假定是前人具有食人倾向，而不是其他原始群体食用前人。无论如何，虽然食人主义是一种在当今人类文化模式下令人震惊的行为，但在过去的

100 万年中，这种行为在欧亚大陆和非洲都很普遍。

50 万年前

50 万年前，还有其他人类群体居住在阿塔普尔卡山脉。此时那里的气候已经转凉，并变得更为干燥。那里还有很多例如犀牛、野牛、小鹿、马和成年鹿的食草动物，以及狮子、猞猁、熊、貂、山猫和豺犬（亚洲野狗）等食肉动物。从这一时期人类的形态来看，他们可能不是几千年前曾生活在同一地区的前人的直接后代，反而与尼安德特人的血统密切相关。例如，他们具有 30 万年后的尼安德特人所拥有的经典特征：中部突出的面部、坚固的颌骨、具有后臼齿间隙（最后一颗臼齿与下颌骨间的间隙）、较大的前牙和牛型臼齿（牙髓腔增大）、牙釉质精细。其头骨的其余部分与尼安德特人不同，例如，没有那么细长，并且尺寸略小。相比之下，后颅与尼安德特人有更多相似之处。尽管很多年以来，他们都被认为是海德堡人，但其实他们属于哪个原始群体目前仍待商榷。这些阿塔普尔卡的前尼安德特人十分健硕和强壮，身高 1.8 米，体重达 100 公斤，肌肉发达、骨骼粗壮。但是，在他们身上已经能观察到很多跟我们现代人一样丰富的行为细节，所以他们看上去已经近乎人类。

同样在格兰·多利纳，但这次是在 40 万到 25 万年前的地层带上，人们发现了人类在洞穴口的营地遗迹，在那里，原始人类进行了一种密集的社会性屠宰活动，并持续了几百年甚至可能上千年，这也回应了他们对这一地区（而不仅是这个山洞）的结构性占用。我们对这种生活方式很了解。他们使用周围的火石和石英岩制作石器工具用于剥皮和肢解动物，这个技术比之前描述的 100 万年前的技术要先进得多。之前的技术叫模式 2，在第三章中曾经描述过，也叫做阿舍利石器技术，人类用这一技术制造了很多双面器或手斧。尤其是在阿塔普尔卡，人类开发了一种标准化的雕刻体系，可大量生产双面刃和打磨薄片，以及用于制作尖头工具、刮刀或锯齿。大块开采的燧石石块、石器的完整制造链（核心零件、石片、工具、雕刻余料等）都证明了上述事实。他们用这些工具加工成年鹿、小鹿、马、牛、犀牛甚至狮子的肉。因为要处理至骨髓，所以残骸显得非常零碎。而这些"大工程"的原料都是在周围环境中精心挑选出来的。他们可能还使用过皮革和木材，但因为有机物残余很难留存，所以这个不能肯定。

　　其中一个地层很独特，人们在这里发现了大量的野牛遗迹（接近草原野牛的西伯利亚野牛的 4 万根骨头）。这个时期恰逢气候变冷，欧洲北部专门狩猎这种动物的人可能正是因此前来。几代过后，这些人进行内部组织和协调，以捕猎在春末和初秋迁徙的野牛。他们把野牛驱赶到格兰·多利纳地区，圈禁并屠宰，将牛腿之类营养最丰富的部分运送到了营地。安东尼奥·罗德里杰斯 – 伊达尔戈（Antonio Rodríguez-Hidalgo）和研究小组将这个狩猎场描述为"野牛骨床"：

> 季节性反复利用一个地区的一个地点来执行特定任务类似于资源管理的逻辑模式。同样看来，早期存在的战略性集体狩猎使我们了解到当时原始群体的认知能力、技术能力和社交能力与同样很早的中更新世其他现代集体狩猎者所展现的能力相似。

在这个山脉上还有一个山洞，如今也被叫做格雷利亚（Galería），数千年来闭塞封堵，而后因石灰岩滤过的水流经此处逐步形成裂缝，直到 500 万年前，裂隙被打开，洞穴与外界从此联通。然后它变成了天然的陷阱（与格兰·多利纳洞穴相同），鹿科和马科动物、还有少数的牛科动物和犀牛掉入其中，人类利用这个陷阱，借助阿舍利石器工具来获取动物身上最具营养的部分。但是，那里的人类活动并不具持续性，只是偶尔出现。像狼和豺犬一样的食肉动物，才是食用食草动物的主角，它们有时也分食原始人加工后的动物尸体。

在另一个阿塔普尔卡遗迹西玛遗骸（Sima de los Huesos）洞穴的原始人生活痕迹中，也保存了可证明同情心存在的令人惊讶的样本。玛约尔山洞（Cueva Mayor）是山脉的另一个洞，从中更新世到中世纪一直被人类所占领。在该洞穴侧向廊的尽头，有一条14米长的竖井，竖井尽头是位于斜坡道上的另一个深14米的洞穴。那里就是西玛遗骸洞穴。自1976年以来，人们在该地点已发现了至少来自29个人类原始群体个体的7000块化石，有43万年的历史。虽然他们可能属于占领周围其他洞穴的原始群体，但确实与格兰·多利纳和格雷利亚的原始群体生活在同一时期。原始人使用这一洞穴的动机我们将在后面讨论。现在，我们先关注在此发现的17块人类头骨中的一块：第14号头骨，它是在2001年的挖掘活动中被发现的，被发现时这块头骨十分脆弱、破碎不堪，后由安娜·加西亚（Ana Gracia）等人对它进行了研究。由于骨骼整体比较纤细，所以被认为是女性的骨骼。骨骼很薄并且缺乏上层结构，眼眶上没有发现骨质隆起，也没有明显的肌肉附着点，因而被判定为未成年人。在对其进行干燥、清洁、固化和整合操作之后，人们发现了一些异常情况：1.头骨的形状非常不对称；2.前额垂直且呈圆形，这是一种仅在 20 万年前我们智人之中才有的特征，因此，它比坑中人类遗骸的年代要晚得多；3.颅顶呈现出一些破碎现象，这似乎并不是塑性变形，也就是说，它不是由于沉积中的石化过程而发生的，而是活着的时候发生的；4.两块骨头（左顶骨和枕骨）结合处非常宽。

考虑到上述异常特征，断定个体的死亡年龄便尤为重要。14 号头骨的脑容量为 1200 毫升，略低于现代人的平均水平（约 1330 毫升）。在其遗骸中，既没有发现面部骨骼也没有牙齿化石。所以，为了估算其年龄，就找来了保有牙齿的类似 6 号和 9 号头骨。骨骼的主人死亡年龄在 12 至 14 岁。考虑到头骨比较薄，14 号头骨这个女孩的死亡年龄应该是在 9 至 14 岁。在那个年龄之前头骨缝线从不闭合，因为脑部在婴儿期会继续发育，到 10 岁时，颅周长会达到最大尺寸的 90%，到 20 岁左右达到最大颅周长度（至少智人群体是这样）。另一方面，可以确定在妊娠的最后阶段顶叶开始与枕骨连结。所有这些表明该女孩患有一种叫做左侧人字形颅脑前突的先天性病状，这在同类疾病中极为罕见，目前每 20 万例婴儿中仅会有 1 例，并且通常会在婴儿三个月之前进行手术，以避免在发育过程中出现精神混乱。能找到这样一具 43 万年前的化石是非常幸运的。这类疾病的表现就像婴儿脑袋长时间支撑在某一位置上，头部受到压迫时而出现的症状。但是，这种又被称为位置性斜头畸形的病状只对外形美观有些影响，非神经性问题，戴一段时间矫正头盔便可以矫正。女孩的病痛也许源于某种创伤：双胞胎在母体内争执、羊水不足、胎位不正、怀孕时母亲跌倒或是先天性斜颈等。无论如何，骨骼过早融合之后，大脑仍会正常发育，从而导致头骨变形和大脑积液，这些根据骨骼中可见的不规则颗粒可以判断出来。

她遭受的颅内压升高无疑引起了严重的精神运动障碍。但是，该原始群体并没有抛弃这个残疾女孩，而是选择了保护和照顾她。还有什么比选择"爱"更人性化的东西吗？在阿塔普尔卡，有一个原始人群体在 50 万年前就这样做了。14 号头骨那个女孩被研究人员取名为本杰明娜（Benjamina），在希伯来语中意为"最爱的女孩"。其中一位研究人员伊格纳西奥·马丁内斯·门迪扎巴尔（Ignacio Martínez Mendizábal）认为她是"石化之爱的第一个样本"。

在人类化石记录中还有一例先天性斜颈样本，与本杰明娜可能患有相同的疾病。这个样本是来自摩洛哥的塞拉 1 号（Salé-1），一个生活在大约 25 万年前的成年女性的头骨，很难确定她属于哪一个种群。由于患有先天性斜颈，在胚胎发育期间，头骨出现畸形发育，骨质弱化且不对称，导致颈部的灵活性大大降低，并伴有肌肉损伤。疾病在很多时候给这个群体的生活带来了困难和不便，但是塞拉 1 号依然在同伴的照顾下生活了很多年，年纪甚至超过了本杰明娜。非常遗憾的是，塞拉 1 号没有包含阿塔普尔卡那么丰富的环境信息来再现她的生活方式。

据胡安·路易斯·阿苏阿加（Juan Luis Arsuaga）等专家的描述，在西玛遗骸洞穴中，可能有更多反映在群体生活中照料行为的样本。在 1992 年，发现了三块著名的头骨，分别是 4 号、5 号和 6 号头骨。其中，读者可能还记得 5 号头骨，为了纪念米格尔·英杜兰（Miguel Indurain）而将其命名为米格尔隆（Miguelón），它是坑中最具标志性的头骨，也是人类化石记录中最完整的头骨之一。但我们先来看看 4 号头骨，这是一块因纪念特洛伊征服者阿卡亚国王而被命名为阿伽门农（Agamemnon）的头盖骨。它属于一个高大健壮的人，脑容量惊人，可达 1360 毫升，远高于当时人类的平均水平，甚至高于许多现代人。令人好奇的是，尽管 4 号和 5 号头骨发现时仅相距 30 厘米，但阿伽门农（Agamemnon）是中更新世化石记录中最大的头骨之一，而脑容量 1092 毫升的米格尔隆是在坑中最小的头骨，也是欧洲和非洲中更新世化石记录中最小的头骨之一。伟大的阿伽门农（Agamemnon）在枕髁处患有关节炎，这导致他在转动头部时会感到疼痛，并且最重要的是，他患有严重的双侧外耳道骨质增生，也就是说，他很有可能完全失聪。失聪是限制人日常生活的一个严重障碍。仅以坑内的众多个体为例，就足以证明他们生存条件极其艰苦。就米格尔隆来说，作为一个活到大约35岁的成年人，他的头顶上就有13道伤痕。其中一道伤痕足以展示攻击的强烈性，他被石头打在脸的左侧，打断了一颗牙齿，压碎上颌骨，导致牙龈发炎感染，并扩散到眼眶附近区域。他在口腔和面部一定忍受了严重的疼痛，并且很可能在此事件后的几天内便死于败血症。另一个标本 AT-624，是一个左上眼眶侧面具有受到强烈撞击痕迹的头骨碎片。他没有死，因为有骨骼再生的迹象，但是这次打击很可能给他造成了视力障碍或单侧的失明。另一个是 AT-772 + AT-792 号颌骨，正面遭受袭击使他失去了两个中切牙和右侧切牙。

坑中的许多其他化石都有骨关节炎的迹象，还有的有脓肿、牙垢和牙龈炎的痕迹，这让他们使用牙签状的物体来缓解疼痛。他们在发育过程中还经历了发育迟缓或是生长压力，例如，几例样本存在牙釉质发育不全迹象，也就是由营养不良导致的牙齿矿化不足，而营养不良可能与断奶和依赖当时所属群体拥有的食物资源而引发的创伤有关。

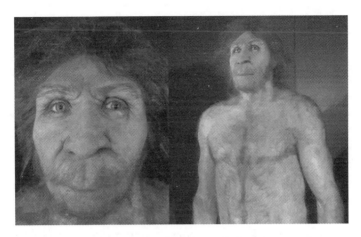

图 5.2　西玛遗骸洞穴人类复刻品

伊丽莎白·戴妮斯（Elisabeth Daynès）的作品，在布尔戈斯（Burgos）人类进化博物馆中展出。

　　因此，不难想象，极端艰苦的生活环境需要他们拥有良好的身体状态。那些具有严重疾病和残疾的人将对他们的原始群体产生一定的依赖性，并且在许多情况下，迫使他们不得不重新规划群体的活动，以便那些残疾个体能够力所能及地发挥作用。像阿伽门农这样的聋哑人很容易成为周围环境中食肉动物的猎物（要知道他们与狮子、狼、豺犬、狐狸、鬣狗等动物在一起生活），显然要依赖群体的其他成员才能生存。

　　最后，另一个坑中能够证明可能有同情心存在的案例是被叫做"埃尔维斯"（Elvis）的骨盆样本，它属于一个体形硕大的男性个体，身高 1.7 米，体重

100—105 公斤。另外发现属于同一个个体的 5 个腰椎骨上也有各种退行性病变，例如腰椎滑脱的迹象。这名男子活了 45 岁以上，是那个时代的老年人。为了保持直立姿态，他不得不使用某种工具支撑，日复一日地忍受痛苦，身体活动受到严重限制。可能他一生都受到了特别照顾，尤其是在原始群体迁徙时更需要帮助。

在如此古老的时期发现同情行为的样本并不足为奇，因为人类当时的行为已经非常现代化了：他们具有大型哺乳动物的狩猎策略，这种策略是满足自身巨大能量需求所必需的（他们的能量需求是现代人类的两倍还要多）。他们大规模、标准化地制造石器工具，并传播制造技术的相关知识……他们的外貌也很接近现代人，尽管更加壮硕。他们的大脑容量与我们逐步接近，与我们类似的耳骨和舌骨甚至还表明了他们具有说话的能力。如果面对面相遇的话，我们甚至可能会认为他们是我们的同类。

最好的一面和最坏的一面

通过研究原始人的行为我们发现，他们已经展现出了人类某些最优秀的品格：爱、协作、教导和关怀。但是我们还发现了其他同样很人性化的行为，只是这些行为不是通过那么美好的事件反映出来的：他们已

经有能力夺取他人的生命。西玛遗骸洞穴丰富的化石
遗迹中就包含了由内奥米·萨拉（Nohemi Sala）等人
研究发现的史前第一起有证可循的谋杀案。17 号头骨
是一个年龄在 15 至 20 岁的人，他左眼窝上方的额骨
两次骨折。两次撞击使用的物体相同，但力度和方向
轨迹不同。由于骨折没有愈合的迹象，所以这应该就
是他死亡的原因。这个案例包含了众多法医人类学领
域经常碰到的人际暴力特征。两次骨折如出一辙的事
实排除了单纯发生事故的可能，因为一个跌倒的人不
会两次以不同的角度去撞击同一物体，应该是有一个
人右利手的人，以攻击他为目的用硬物两次击打了他
的左脸。基于我们现有的证据无法查明导致这种行为
的原因：这可能是由于为占领空间而与敌对群体对抗，
或者是同一群体的内部争斗。我们所能做的就是把这
个案例放在整个人类进化的社会化进程背景下来看，
在这一进程中同情行为在 200 万年前就已经出现，而
侵略行为同样也出现了。本书要证明的一个观点就是，
同情变得越来越频繁，逐渐被完全嵌入人类的日常行
为中；同时，侵略行为并不是人类所独有的，而是我
们与其他像黑猩猩一样的灵长类动物等很多社会性哺
乳动物所共有的。500 万年前定居在阿塔普尔卡的群
体展现出了人类行为至善和至恶的一面。但是有必要
强调十分重要的一点：他们对被谋杀的人做了一些不

寻常的事——他们移动了尸体并将其放置在一个特殊的位置。

　　洞坑中的化石让我们对那些原始人的日常行为有了更深的了解，而且遗址本身也能提供重要的信息。为什么所有这些尸体都被放置在洞穴侧廊尽头距离洞穴入口很远的坑底呢？它们可能是被食肉动物猎杀的人类骸骨，因为坑内也有许多熊的化石。但是，如果是食肉动物所为，发现的应该是残缺的骨骼残片，而不是完整的人类尸体。熊化石出现在这里的原因应该是它们进入山洞冬眠或者因迷失方向而掉入山坑里。此外，熊的遗骸出现在整个沉积序列的各个区域，而人的遗骸则位于沉积序列的某个具体区域。另一个假设就是人类可能是被某场自然灾害裹挟而来，但那样的话这里的遗骸应该包含所有年龄段的人，而坑中发现的明显是以青少年为主。正如阿苏阿加所说的那样，"一个如此特殊遗迹的形成也必然有一个特殊的解释。"也许是他们自己的同族人将某些尸体移到洞穴内，然后将它们扔进了坑中。他们为什么这样做？1998年，人们发现了一个非常奇怪的物体，它将原始人使用巨坑动机的假设重新指引到了一个象征性的维度。那是一把由红色石英岩制成的做工精良的双刃剑，红石英岩在这一带的山脉中极为稀有，并且是阿塔普尔卡石器中独有的材料。这把双刃剑可能是从别处带来的制

图 5.3　在西玛遗骸洞穴发现的双刃剑

成品，因为在原处并未发现其他的雕刻品遗迹。这把
剑是在坑中发现的唯一石器，因此研究人员把它称做
神剑"王者之剑"（Excalibur）。500 万年前，人类的
抽象思维和象征行为就已经存在了。根据欧达德·卡

博内尔（Eudald Carbonell）等人提出的假说，这件物品是因为某种特定目的，用特殊的方式被扔进了坑中。那些人可能是拿一个特殊的物体作为贡品，用来放在山坑中陪伴死者，或者是与某个具体的死者相关的一种仪式元素（甚至可能曾是他的私有物品）。无论如何，尸体和神剑的有意识的放置都表现出人在死后同类对其同情行为的延续，也是在极端生活条件下共同生存了 20 或 30 年的同类人群之间关系的延续。他们形成一个个小群体，每个群体 20 来个人，彼此隔离开来，相距数百米甚至数千米。为了得以存活，成员之间十分团结。这些原始群体取得的成绩很大程度上取决于他们所传播的知识：他们互相学习制造技术、一同去寻找资源，同时也学习了人性。一旦生命结束，与他人的这种特殊联系也会尽量维持下去。尽管无法考证神剑"王者之剑"孤立安放的意图，但是从这个特殊的位置和那里丰富的时代背景中，我们的确可以编撰出一个离奇的故事，重新构建 500 万年前定居于阿塔普尔卡山脉人类群体的生活图景。

第六章

尼安德特人和他们的照料行为

摇摆不定的开端……

让我们回到 1856 年，也就是查尔斯·达尔文大名鼎鼎的著作《物种起源》发表三年前。在杜赛尔河（Río Düssel）流经的尼安德谷（德国，Valle de Neander，德语名为 Neandertal），人们开采了杜赛尔多夫（Düsseldorf）附近的费尔德霍夫岩洞（Feldhofer）作石灰岩矿。工人们炸开了入口处的墙面，在收集附近碎石的过程中先是发现了一条肋骨，接连又发现了其他的骨头。人们原以为是碰巧遇到了熊的骸骨，便将头骨的碎片和其他的骨头交给了自然科学家约翰·卡尔·福尔罗特（Johann Carl Fuhlrott），虽然这些骸骨外观非同寻常——头骨粗大且长，眉骨巨大，但很快就被判定为人类骸骨。此外，从骸骨上混合的沉积物及其地层来源来看，这应该是非常古老的生物遗骸。一年以后，1857 年，福尔罗特和他的同事——解剖学教授赫曼·夏夫豪森（Hermann

Schaaffhausen）便向下莱茵自然历史与医学研究会公布了这项发现。在接下来的几年里，二人发表了关于这些化石及其地质结构的相关论文，在德国和英国学界引发了关于其起源和年限的激烈讨论。我们适当地考虑一下这些发现的历史背景：在 19 世纪中叶，人类进化的历程被放置在自然历史框架下进行解读，人们对通过研究化石来理解种族的变化和灭绝兴趣浓厚。在最早对尼安德谷化石的解读中，夏夫豪森将其判定为史前时期的野蛮人种，认为他们同猛犸象或犀牛等其他远古动物一同消失，而现在的人种是经过不断变异和优化的种族。人类将物种基因变异的性质作为进化的跳板，并且可能存在与人类共生的动物群，在这些方面他的这些观点和猜想与事实并未偏离太远。但是，其他的科学家否定这种解读，他们认为这些骸骨是近代人类病理化的异常情况，或者是某个患有佝偻病的 1814 年哥萨克骑兵团逃兵的残骸。直到 1863 年，英国地质学家威廉·金在英国科学协会提出，那些残骸属于与智人截然不同的特别人种。金的观点于 1864 年发表，这个人种被定义为尼安德特人，这个概念沿用至今。

事实上，早在 1848 年人们就在福布斯（直布罗陀）采石场发现了尼安德特人头骨，但没有引起重视，也许是因为该地与当时的科学中心伦敦相距甚远。在

1864 年尼安德特人经生物分类学承认之后，人们再次研究起了这具头骨，并将其纳入这个新的人类群体。事实上，"尼安德特人"的名称出现当年，仅几个月之后，有人基于直布罗陀的第一个标本提出了"卡尔皮库斯人"（homo calpicus）的名称［卡尔佩（Calpe）是前罗马时期直布罗陀巨岩的名字］，但并未普及开来。甚至早在那两具化石很久之前就发现了第一个尼安德特人：1829 年，人们在昂日（Engis，比利时）发现了一个幼儿头骨，这个头骨在修复中破碎成片，被保存了整整一个世纪，直到 1936 年人们才将其再组并归类为尼安德特人。总之，有关尼安德谷遗迹古老程度的争论一直持续了很久，直到 1886 年一件里程碑式的事件发生后终于得到了解决：在斯巴（Spy，比利时）发现分属于两个个体的一些化石，因为其地质环境和相关石器证实了其年代。

在接下来的几十年里，欧洲学界对探寻史前人类的兴趣浓厚，在这种兴趣指引下，三位法国神甫于 1908 年开始研究法国南部拉沙佩勒索-欧-赛恩茨（La Chapelle-aux-Saints）小镇附近的岩洞。他们在那里发现了以胎儿姿势埋葬在非自然墓穴中的人类骨架，还有大量的相关石器装置。人们将其复原并移交给古生物学家、巴黎古人类研究所负责人之一马赛琳·布尔（Marcellin Boule）。布尔对这具骨架进行了持续两年的分析，将其与斯巴地区发现的尼安德特人遗迹和其他灵长目生物进行对比，并于 1911 年在《古生物学年鉴》杂志上发表名为《拉沙佩勒索–欧–赛恩茨的人类化石》的专题文章。基于对这一样本以及"其肢体习性、思维方式和风俗习惯"的分析，布尔对尼安德特人作出了如下的惊人描述：

这类野蛮人已经能屈膝行走，双脚抓地，短粗的脖子支撑着前倾的头颅，大脚趾像黑猩猩一样向一侧伸展。

没有比莫斯特人的营生更原始和悲惨的了。他们使用单一的原材料：石材（除了木材，甚至还有骨头），石器单一、简单并且粗糙，可能没有任何美学或道德方面考量。他们粗壮健硕的身体大多野蛮、笨重，下颌骨坚硬，可看出大脑功能以单纯的植物性或野兽性功能为主。他们与随后地质时期的人类截然不同，与克罗马侬（cromañón）人大相径庭，克罗马侬人有着更优雅的身形，更精致的头颅，更高、更宽的前额，并且在他们居住的洞穴中留下了许多与手工技能、精神创造、艺术和宗教思维、抽象能力相关的证据，他们是第一个配得上智人这个光辉头衔的人种。

上述描述和当时文章的配图让尼安德特人类猿、野蛮、跛脚的形象维持了半个世纪，可这种描述一开始就存在偏颇。要知道拉沙佩勒索–欧–赛恩茨的样本已是伤痕累累，此外，由于其自身年龄较大（可能超过40岁），已经出现了其他病理表现。直到1957年，威廉·史特劳斯（William Straus）和亚历克·凯夫（Alec Cave）对同一拉沙佩勒索–欧–赛恩茨骨架进行了新的研究后，才澄清了其姿势和形态是现代的，他们试图为尼安德特人建立一个崭新的形象，崭新的尼安德特人整洁时尚，即便放置在纽约地铁站也不显突兀。

事实上，一个世纪后的今天，我们还没有完全克服对那种穴居原始人的刻板形象。也许现在某位读者正在回想一个画面，画中一个尼安德特人正佝偻着游走在海滩上，手握着一根拐杖，双眉粗重以至于几乎看不到眼睛。这幅图示真实存在，是1933年芝加哥自然历史博物馆参观者宣传册上的一部分，也是我对史前时期最早的记忆，可能是在某本教科书上看到过。几十年以来，我们将现代人在文化上留下的一切与尼安德特人一点点地关联起来。但时至今日，每周我们偶尔还会遇到他们粗鲁、愚笨的惯有形象，比如报刊、漫画、广告，甚至以一种侮辱的形式出现在我们日常话语中。

情绪，感觉和动机

这样一来，也就可以理解为什么改变尼安德特人的形象很难，想到尼安德特人时，我们头脑中会浮现出另一种类型的个体。因此，我们其实在抗拒相信他们具有许多"先进的"人类行为，尽管这些行为也是我们从对他们的化石及其背景的分析中发现的。我们会看到，在这些行为中就有（我认为十分突出）同情心。

我们还记得在第五章中以一些具体个案说明了阿塔普尔卡地区前尼安德特人的极端生存条件。在随后的数万年中，不同的欧洲人类群体走过了危险的进化道路，在此期间他们并没有比祖先享受到更好的条件。首先，他们遭受了多次冰川作用，这是从大约80万年前到现在的17次明显的气候波动。在最近6000万年中，地球上还没有出现过比早期人类所经历的更加寒冷的时期。那段时期的后50万年里，欧洲大部分地区有超过三分之二的时间都被冰川覆盖。实际上，目前我们处在一个温暖的时期，这个时期始于1.5万年前，末次冰盛期之后。这些气候波动使欧洲人类聚居的条件慢慢形成，经过不同的生物灭绝和杂交的事件与浪潮后，在欧洲逐渐发生了人类聚居现象。在西欧，中更新世早期人类主要分为以下几类原始群体：

　　——来自 130 万—90 万年前，只有少数骨骼和牙齿保存至今，目前并未归为任何类别。

　　——来自约 85 万年前，如我们在第五章所见，基于格兰·多利纳出土的化石来定义的"前人"物种。有趣的是，2013 年在英国东部哈皮斯堡发现的一些年代近似的脚印也许是该物种个体所为。

　　——来自 60 万—30 万年前，一部分是前尼安德特人群体（例如在阿塔普尔卡被记录的人），有时也被归类为海德堡人；另一部分是其他与前者同时代的早期人类，他们具有更多的太古代特征。

　　——最后是我们在本章将讨论的尼安德特人，他们是某些幸存欧洲原始群体的后裔。

　　总的来说，尼安德特人形成了规模大约在 15—25 人的小部族，占据着约 200 平方米的内部空间，每个部族之间距离甚远。根据遗传学和人类学研究获得的不同模型，人们可以估计出欧亚大陆上尼安德特人鼎盛时期总人口大概在一万以下。20 万年间，他们在世界范围内人口的净增长为 0。冰川扩张时，北部的人类和动物集群消亡殆尽，而南部半岛（伊比利亚半岛、意大利半岛和巴尔干半岛）上的人类却活了下来，这些半岛也因此被称做"庇护所"。在接下来的气候变化中，尼安德特人再次向北方扩张，并与来自其他半岛的原始群体交融混杂。他们生活在高低不平的土地上，根据气候而不断迁徙。我们并不清楚他们是否有必要与其他原始群体亲密相处，或是避之不及。尼安德特人的基因缺乏多样性：仅有现代非洲人的四分之一，亚洲和欧洲人的三分之一。尼安德特人基因缺乏多样性的另一例证是：克罗地亚和德国的尼安德特人线粒体 DNA 序列比研究人员依据两者分开的地缘时间预想的要相似得多。

所有这些都在向我们讲述尼安德特人生活的情感和社会背景，并表明他们将情感集中在自己的群体内部。尼安德特人生存的自然环境恶劣，社会活动频繁，资源经常缺乏，所以他们生活很艰苦。也许是受到残酷、野蛮生物形象的影响，几十年来，有些作者一直将尼安德特人与残酷无情的行为联系起来，将其骨头的伤口解释为人际暴力的迹象。但是，最近不同的研究告诉了我们关于尼安德特人不一样的故事。例如，他们骨骼上已识别出的伤痕数量其实并不比现代早期人类的数量多。这与存在人际暴力并不冲突（事实上，在第五章我们见过前尼安德特人之间的相关案例）。但是，玛丽亚·马丁隆 - 托雷斯（María Martinón-Torres）认为，40% 的哺乳纲物种都在同一群体中表现出某种类型的人际暴力。的确，与其他哺乳动物相比，灵长目动物通常更加暴力，但这是一种与像人类一样的群居动物相关的特质，这类冲突是在个体成群时才会发生的。

相反，就如同乔奥·兹洛（Joao Zilhao）所辩解的那样：我们从尼安德特人生活方式中获取的越来越多的信息让我们发现，他们与我们十分相似，满怀一样的情感、感受和动机。尼安德特人的化石骨骼中有很大一部分带有伤痕，而且许多严重程度很深，需要其他同伴在康复过程中予以照料：如供给食物、水、卫生条件以及帮助迁移、治疗和提供安全保障……他们还使用多种手段来治疗疾病，例如具有止痛、消炎或抗菌特性的药用植物，药物种类繁多，这表明他们对自己和周围环境具有专业认识。特别值得一提的是儿童：潘妮·斯皮金斯（Penny Spikins）认为，尼安德特人的儿童在深厚的情感纽带作用下在群体中长大，他们紧密团结、高度融合、深受保护。伴随着他们的成长，孩子们逐渐以特定的角色来帮助这个小群体，就像任何一个人类孩子一样，他们劳逸结合，做游戏和培养技能交替进行。另外，随着认知能力的提升，世代之间知识的传递也变得越来越复杂，而这种行为是生存的关键。所有这些错综复杂的情感和行为都使得他们得以存活下来，如今在尼安德特人之间相互照顾的代表性案例在化石记录中得到了反映。

七个尼安德特人

七人中的第一个恰好是我们之前提过的拉沙佩勒索–欧–赛恩茨 1 号，粗俗而野蛮的扭曲形象就从这时建立起来。矛盾之处在于，这个案例其实恰恰是体现怜悯心的一个很好的例子。据估算，这个人大概活了 40 年，这在当时极不寻常。这个事实以及对他骨骼的上述解读使他配得上拉沙佩勒索–欧–赛恩茨"老人"的名号。由于使用切牙作为第三只手（这种行为在尼安德特人中很常见），他的下颌几乎没有牙齿，另外也可以看出他患有慢性牙周炎和颞下颌关节炎。牙槽骨的严重再吸收意味着他度过了数年需要人喂食的生活，这使我们想起了德马尼西的 4 号头骨（生活在 180 万年前！）。但是"老人"的身体提供了更为丰富、详细的信息，道出了他一生中许多其他的问题。他多处颈椎、脊椎以及两个肩关节都患有严重的退变性关节炎，这制约了他身体的柔韧性和力量性，并可能限制了他的负重能力。他的左髋严重退化并可能患有慢性骨髓炎，引起频繁疼痛、很难用左腿承重、很难保持平衡等问题，并限制了他的活动能力。另外，他右脚的骨头也有问题。他能走路，但无法参加狩猎这类对身体素质有特殊要求的活动。他的伤痕还包括肋骨骨折。因此，在感染引起的各类健康危机中，"老人"需要他人护理，在他发烧和疼痛时给予照料，并给他提供食物（食物柔软且经过加工，为了让他可以不用咀嚼）。在原始群体迁移的过程中，他需要很多的帮助。也许这个人能完成群体的某些任务，比如加工食物、制作工具或其他物件，或是照顾孩子。但是，可能在他生命的最后 12 个月里，慢性感染都在不断削弱他为群体做事的能力，同时加大了他对同伴的依赖性，直到他去世（5.7 万—4.5 万年前）。

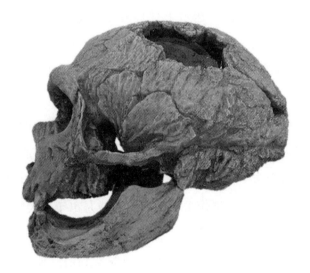

图 6.1　拉沙佩勒索 - 欧 - 赛恩茨 "老人" 的头骨

　　头骨容量为 1625 毫升，远高于尼安德特人和现代人类的平均水平（分别为 1488 毫升和 1330 毫升，请参阅第 4 章）。仅在上颌骨中保留第一前臼齿，在下颌骨中保留第二前臼齿。可以清楚地在下颌看到严重的牙槽骨吸收，或许是牙周疾病引起的。

尼安德特人中最杰出的医疗案例来自位于伊拉克北部库尔德斯坦（Kurdistán）地区的沙尼达尔（Shanidar）洞穴。自 1950 年研究开始以来，该处发现了 10 个人的化石残骸，其中包括 8 个成年人和 2 个孩子，可追溯至 7 万—4.5 万年前。让·M. 奥埃尔（Jean M. Auel）受这组尼安德特人的启发在 80 年代创作了他的小说《洞熊家族》和剧作《大地之子》，这两部作品让公众看到这个群体"更加人类化"的一面。

　　实际上，沙尼达尔 1 号是另一个反映尼安德特人怜悯心的人。南迪（人们这样称呼他）是一个活到 35 至 50 岁的男性，像拉沙佩勒索-欧-赛恩茨"老人"一样，南迪对尼安德特人来说也算是长寿了。青年时期，可能是狩猎或摔倒头部受到撞击导致南迪的脸部左侧被压伤，他的左眼也可能因此而失明。右胳膊和右腿的骨头十分脆弱，这表明他右半身瘫痪，也可能是因为上述创伤损伤了他的大脑，或是出于先天畸形。例如，他的右肱骨末梢严重退化，甚至手臂还可能被截过肢。脚也骨折了，但是与所观察到的其他伤痕的情况相同，骨骼所有创伤都在死亡前就愈合了。

　　此外，他的两只耳朵外耳道都有软骨瘤，这种骨骼发育异常可能导致他两侧听力障碍，其中右耳完全失聪。正如我们在第五章中所描述的西玛遗骸洞穴阿伽门农人那样，这个问题甚至比前臂缺失、部分失明、跛行和其他伤害更为严重，对于原始群体而言，失聪会严重制约他们的生活方式。这一系列问题表明南迪无法参加他所属原始群体的大多数活动，但是他并没有被抛弃，而是在青年时期受伤后就被悉心治疗，接着还在原始群体其他成员的帮助下继续生存了很多年。于是，"考古教育"团队[1]就此案例讲述了这样一个情节简单却又弥足珍贵的故事：

> 源自尼安德特人温柔的奇迹：我们能想象这个部落的人数年如一日地背着南迪翻山越岭，冒着强风暴雪，从一个定居点迁移到另一个定居点吗？他能狩猎或探索洞穴的辉煌日子已经一去不返了。但是，我们依然可以想象得到他（我们也愿意这样做）精心照顾小孩子或全心护持火种的样子，这是他能为群体所做的贡献。

沙尼达尔 3 号来自同一个洞穴，他的伤痛也表明受到了照顾。

---

1 "考古教育"（Arqueo Educa）组织是致力于考古和自然环境研究的志愿者团队，2013 年成立，位于西班牙马拉加。——译者注

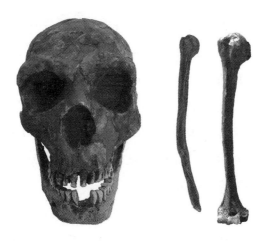

图 6.2　沙尼达尔 1 号，头骨、右肱骨与同为尼安德特人的拉费
拉西 1 号肱骨对比

从正面看，头骨形态不对称，我们因此可以推测出年少时压碎了南迪
左侧头骨的那次撞击。右肱骨严重萎缩，表明手和部分前臂可能遭到截肢。

　　与之前的案例一样，沙尼达尔 3 号的寿命在 40 至
50 岁之间，这也让他成为了最长寿的尼安德特人。由
于某次撞击，他的一只脚患上了退行性关节疾病，从
此行走十分艰难。另外，虽然我们还无法将摄入营养
与行走障碍或缓解疼痛的需求直接联系在一起，但是
他的牙齿可以反映出对蔬菜类食品的咀嚼和摄入。他
最终的死因不是那类疾病，而是一颗刺穿肋骨的子弹。
另一个混合了暴力与关怀的案例是来自 3.6 万年前圣
塞萨尔（Césaire，法国）的年轻尼安德特人：强烈的
撞击在她头骨右侧留下了 6 厘米的伤痕，但这并没有

导致她的死亡，她的伤被部分治愈，同样也得到了某种护理。

还是在法国，大约在 5.4 万至 4 万年前，有另一位长寿的尼安德特人（大约 40—55 岁）拉费拉西 1 号，他一生中经历了多处骨折（股骨、锁骨）、脊柱关节退变、轻微脊柱侧弯、牙周炎以及最有可能导致其死亡的肺部感染或肺癌。他一生中至少接受过两次护理：首先，当右股骨骨折时，他有几个星期行动不便，腿部和胯部疼痛，2 或 3 个月之内他都需要某种形式的帮助；其次，当他患上肺病时，疾病让他在去世前的 2 至 14 个月精神出现萎靡状态，出现了疲惫、睡眠困难、疼痛、食欲不振、体重骤减、免疫力下降、发烧等症状。那时他也需要依靠别人帮助来进食和移动。

尼安德特人鲍德欧贝西耶 11 号也是来自法国，但年代更加久远。明显的牙槽骨吸收状态表明大约在 20 万年前，在这个人去世前几个月他的牙齿全掉光了。丰富的考古遗迹表明，这个人属于那个地方一个非常活跃的社会群体，这个群体消耗的肉类远远多于蔬菜。塞尔吉·勒贝尔（Serge Lebel）和埃里克·特林考斯（Erik Trinkaus）认为，在他并不短暂的生命的最后阶段，他的咀嚼功能完全丧失，疼痛甚至使他无法尝试咀嚼，这表明了团队有成员参与照料。从选择柔软的食物到加工制作，这个原始群体的尼安德特人应该为照顾鲍德欧贝西耶调整了他们的团体行为。但戴维·德古斯塔（David DeGusta）对此提出质疑，他认为鲍德欧贝西耶能独自撑过疾病，就像一些没了牙的黑猩猩一样。

西德隆（Sidrón）是位于西班牙阿斯图里亚斯的喀斯特地貌区，其中出土了 4.9 万年前至少 13 个尼安德特人的 2500 块骨骼。他们是在一场灾难之后被冲那里的，可能是一场暴风雨引起的裹挟着泥土、石头、骨头和石器的山洪。不过，也多亏了这次自然灾害，我们才能拥有比伊比利亚半岛那里更为完整的尼安德特人遗迹。骨骼保留了遗传物质，这有助于对尼安德特人的基因进行深入的研究，很令人兴奋。除此之外，他们还提供了有关其生活方式方面详细且丰富的数据：

—— 他们的饮食中有很多蔬菜（如松子和苔藓）、蘑菇和肉类。

—— 儿童时期的食物不足导致其牙釉质发育不全（暂时性生长停滞导致牙釉质形成不足）。

—— 他们的颈椎、腕骨、脚、鼻子和下颌骨有先天性异常，可能是由于近亲繁殖所致。

—— 他们使用了药用植物：杨树皮（水杨酸的天然来源）、洋甘菊（促进消化）和欧草（具有消炎特性）。

—— 他们用木棍缓解牙周炎。

—— 牙齿上的痕迹表明他们把口腔当作第三只手，大多数人为右利手，男女分工不同。

—— 一些骨头显示出食人迹象。

通过对这些骨骼的研究，几乎可以还原出某些个体的大概面貌。例如，被称作"成人2号"的骨骼属于一个非常健壮的男性，他的身体上有一些问题：从小就患有口腔疾病，而这引起了脓肿和胃肠道疾病。他一生肯定遭受了许多痛苦，在他的牙垢中发现了用作止痛药的青霉菌残余。尽管如此，研究员安东尼奥·罗萨斯（Antonio Rosas）认为他是该原始群体中杰出的工具制造者。他的牙齿上留有许多打磨石材的痕迹。实际上，在他的牙垢中也发现了沥青残余物，这是一种可用于制作工具手柄的粘性产品（这种材料在距洞穴13公里处被发现）。也许由于口腔疾病，他从右利手变为左利手。

总之，在最近的几十年中，尼安德特人的形象已经完全改变。自从首次发现尼安德特人化石一个半世纪以来，这个群体一直是人类进化认知成熟化的代表。古生物学起源于欧洲，那里是当时世界科学的核心，因此尼安德特人占据了优势地位。与之矛盾的是，他们存在的大约30万年在200万年人类属进化史中仅仅占很小的一部分。也就是说，尼安德特人仅仅是古人类物种之一，在他们生活的那段时间里，其他物种也在进化。在非洲有我们的祖先智人，在亚洲至少也存在直立人、佛罗勒斯人和吕宋人（Homo luzonensis），别忘了还有神秘的丹尼索瓦人。值得一提的是丹尼索瓦人，他们是最近这十年中因少数化石而被区别出来的人类群体：有五片化石来自俄罗斯丹尼索瓦洞穴（其

图 6.3　古生物学家法比奥·弗格里亚扎
制作的尼安德特人形象

　　21 世纪的科学通过各种表现形式来演示尼安德特人的形象，比如，以富马内石窟（Gruta de Fumane，意大利）的发现为基础，古生物学家法比奥·弗格里亚扎（Fabio Fogliazza）赋予尼安德特人极具人性化的形象，简直就是我们的翻版：赭土涂抹的脸颊，定居区域典型鸟类的羽毛装饰的头部（雕塑中为胡兀鹫、鸽子和黄嘴山鸦的羽毛），鸽子羽毛制成的耳饰和一张加了鹰爪的狐皮制成的颈部装饰品。

中包括一个指骨、三颗牙齿和一个顶骨碎片），通过这些化石可以复原和分析他们的遗传物质。另外有一个来自中国夏河白石崖岩溶洞穴的下颌骨样本。该颌骨之所以被鉴定为丹尼索瓦人，并不是因为基因，而是因为它的一颗牙齿中保留的蛋白质（胶原蛋白）。尼安德特人和丹尼索瓦人氏族具有共同的祖先，同时也是我们智人氏族的祖先。此外，丹尼索瓦人与尼安德特人以及亚洲东部和南部的一些智人均出现了基因融合（第一章中提到的丹尼索瓦 11 号就有尼安德特人母亲和丹尼索瓦人父亲）。因为丹尼索瓦人的化石非常零碎，所以尚无办法正式将其单独定义并按特征归类为一个人类物种。

因此，我们可以看到尼安德特人化石提供了丰富的信息和背景资源，这有助于了解欧洲古人种的经历，在他们身上看到高级认知能力和怜悯之心。此外，认识他们也激发了我们将自己与他们混同的特殊兴趣（这听起来有些病态），我们的基因图谱可以证明这一点。我们开始相信，一个衣着整洁、打扮入时的尼安德特人在纽约地铁上会被认为是我们中的一员。

第七章

死亡的必然性

与逝者之间的联系

按照李·伯格（Lee Berger）和其他第四章提及过的学者们的假说来看：在 33.5 万至 23.6 万年前，南部非洲有一小群属于纳莱迪人（homo naledi）的古人类因为某种原因被迁移并安置到了一个山洞里。对于其他类似脑部发育并不完善的灵长动物来说，他们很难具备复杂思考的能力，但是纳莱迪人的头骨却表明他们具备现代人脑组织的特征，比起同身形的早期人类他们的大脑与我们更加接近。这种情况肯定会使我们想起 43 万年前的阿塔普尔卡西玛遗骸洞穴中，与一把独特的双面器为伴的前尼安德特人遗骸，按照欧达德·卡博内尔和其他学者的说法，这种存储方式可能带有象征意义。洞坑中的人十分健壮，身高 1.8 米，体重 100 公斤，大脑容量约 1200 毫升。斯蒂芬·阿尔德豪斯-格林（Stephen Aldhouse-Green）的研究显示，在 22.5 万年前庞德尼威德洞穴（Pontnewydd，威尔士）里也安放了 5 到 15 个尼安德特族系的人（属于该物种中已知最古老的尼安德特遗体）。人类的进化在中更新世期间似乎发生了重要飞跃：除了把遗体遗弃以外，人类还开始出于某种原因和某种意义对它们进行其他的处理。丧葬活动也有所发展，这起初也许不是人类日常行为的组成部分，但我们开始在已经认识到死亡必然性的不同种族中观察到了丧葬活动的痕迹。阿苏加（Arsuaga）曾这样描述这种现象：

　　在西玛遗骸洞穴的尼安德特人之前，人类在进化过程中大脑容量显著增加，这导致人们智力水平明显提升，意识也越来越强。这一机能的变化使人类产生了越来越多的行为。但是意识并不局限于现在，而是同时投射到未来。自然界的事件和其他人类的行为是可以被预知的。于是，人们发现了一个骇人的事实——在人生的某个时候我们每个人都会经历，但我们并非天生就知道。人类知道了他们所有人都注定会死：这是一种纯粹的逻辑性分析，但是这类分析在其他生物体中还未曾发生过——如果其他人必然会死去，而我与其他人没有什么不同，那么我有一天

也将死去。这就意味着死亡和要死的人之间
建立起了非同寻常的联系。

我们不知道人类何时得知了死亡的必然性，也不
知道谁是第一个意识到死亡的人，更不知道人们举行
丧葬仪式是出于什么目的。我们正在尝试基于少数的
几个案例，探索中更新世晚期的一个非常有趣的时
期，那个时候，人类开始留下象征性痕迹，同时也出
现了更多的怜悯行为。这也就是保罗·佩蒂特（Paul
Pettitt）所称在人类丧葬活动中的"现代化阶段"，它
与最早的现代人类和尼安德特人相关，他们在欧亚大
陆扮演主角，在生活中照顾同胞（如上一章所述），但
似乎在同伴去世后也以特殊的方式对待死者。

尼安德特人埋葬死者吗？

有时候也会出现这样的争论：尼安德特人的一些
尸体是否被随意丢弃而不是有意存放，又或者说他们
是接受了安葬，还是纯粹出于卫生考虑。如果在他们
活动的同一个洞穴中出现腐烂的尸体，就会产生强烈
的气味而招来食肉动物，那么整个群体将身处险境。

我们从认识并解读那时人类殉葬活动的复杂性谈
起。很难找到解剖学上相关的骸骨为安葬死者而设立

的墓穴，用于殉葬和可用于解读殉葬的祭品也是如此。有时，由于动物迁移或地质活动导致的沉积物移动，所有的遗骸无法在同一地层中出现。因此，在旧石器时代中期和旧石器时代晚期的开始阶段，发现的墓葬数量还很少：齐尔豪（Zilhão）和特林高（Trinkaus）认为共有 134 个墓葬，但佩蒂特（Pettitt）对所有可能的案例进行回顾后，认为其中有 34 到 60 个墓葬是尼安德特人。佩蒂特总结说："尼安德特人的丧葬活动是一个真实的现象"，并且"大多数学者还认同尼安德特人至少偶尔对尸体进行了处理的看法"（对于处理尸体是否具有广泛性学界仍存有疑问）。丧葬活动大致被划分为以下几类：

——将尸体放在原位，无人为移动：例如威尔士的庞德尼威德，法国的拉奎那（La Quina）。

——将尸体简单掩埋在人工挖掘的坟墓中，没有殉葬物品：以色列的凯巴拉 KHM2 号骨骼墓葬（Kebara KHM2），比利时的斯巴以及尚存很多疑问的法国洛克·马尔萨尔（Roc de Marsal）、以色列塔本（Tabun）和阿穆德（Amud）等地的墓葬。这种类型还包括现代人类最古老的墓葬，例如：埃及的塔拉姆萨（Taramsa）、以色列的舒尔（Skhul）和卡夫（Qafzeh）、澳大利亚的芒戈湖 3 号（Lake Mungo 3）。

——尸体经过初步处理，弯折身体部位并增加了殉葬物品；有的还有二次处理，处理过程中身体骨骼会在一段时间后脱节，有时会改变位置：例如，叙利亚的德杰里耶 2 号骨骼墓葬（Dederiyeh 2）或克罗地亚的克拉皮纳（Krapina）地区的墓葬（在这种情况下，似乎是食人行为的结果）。

——葬礼仪式，在以前的仪式之上增加了更多形式上的元素，例如身体装饰、下葬标记、殉葬物品的独特摆放，后来的逝者在同一坟墓中的存放等。这一类型有两个例子：法国的拉费拉西 1 号骨骼墓葬（La Ferrassie 1）和拉沙佩勒奥圣 1 号骨骼墓葬（La Chapelle-aux-Saints 1）。

图 7.1　一个尼安德特人氏族成员死亡的悲痛场景。现藏于
国家自然科学博物馆（马德里）

对孩子的疼爱

在所有已确认的可能案例中，部分案例在尸体处理方面值得我们注意：那就是婴儿的葬礼。在对尼安德特人怜悯心的研究中，潘妮·斯皮金斯（Penny Spikins）特别关注人们如何对待儿童。像成年骨骼一样，大部分尼安德特幼儿骨骼遗骸也显示出生前留下的多处伤痕，但原始群体对幼儿的殉葬，显得格外用心。也许正是由于孩子们生前受到过伤害，人们对这些孩子有着更大的同情心或怜悯心，又或者只是对夭折的孩子特殊对待；我们永远也不会知道其中的原由。但是，如果说阅读这本书时我们在自己身上能观察到一些在史前人类身上逐步形成的行为，那其中的一种行为肯定是对孩子的格外疼爱。那些人类群体生活方式中的某些因素，例如孤独感和生存压力，是驱使人们对自己群体中的弱者，特别是对幼儿产生强烈情感的动力。在史前人类群体中，儿童可能占有重要的地位，就像在许多现实的狩猎—采集型社会中一样，年龄最小的孩子往往是在好奇心和游戏驱动下成长和学习的。通过这种方式，他们学会去冒险，去面对新的更加复杂的任务。

今天，我们看着孩子在实践与错误中不断成长和学习时有所感触，或者成功时为他们庆祝，失败时给他们安慰，这些时候我们感受到的欣慰也是 200 万年以来进化出的"人性组合包"的一部分，这一点在尼安德特人身上也有所体现。做出这样的逻辑类推时我们需要谨慎，因为儿童并非在一切现实社会中都得到同样的关爱。无论如何，尼安德特人为孩子采用的特殊丧葬形式似乎的确表明了他们对孩子的怜悯之情。如今，我们发现那些躯体的脆弱骨骼被安放在特殊位置，有时还与有仪式感的物品或其他标记一同出现。斯皮金斯还提出，用来埋葬尸体的洞穴也表达出了群体希望给予他们的身体以安全感，这类似于"家"的概念，要知道他们并没有在某个地方永久定居（跟我们居有定所的现代人理解的"家"概念不一样）。

　　乌兹别克斯坦的特希克·塔什（Teshik Tash）洞穴中有一个可能是儿童丧葬的案例，那是一具大约在 7 万年前夭折的 8—9 岁孩子的骨骼。阿列什·赫德利卡（AlešHrdlička）、弗朗兹·魏登瑞希（Franz Weidenreich）和迈拉·沙克利（Myra Shackley）解读还原了一场引人注意的殉葬活动。他的身体被五对山羊角包围着（可能是来自西伯利亚的高地山羊，也就是西普拉山羊），它们成对垂直排列，羊角尖部指向地面，组成一个近似圆形的形状，这也许是象征保护的排列组合方式。头骨下方是一小块石灰石，似乎是故意这样放置的。靠近羊角的地方有一个燃烧了很短时间的小火堆。这会是个特殊的孩子吗？某个氏族首领的儿子？不管怎么样，解读情景时都必须要谨慎，因为配备羊角很可能只是为了保护尸体免受食腐动物的侵害。

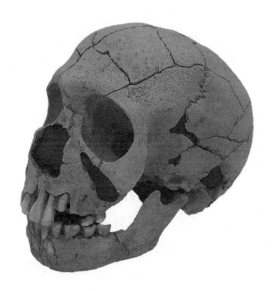

图 7.2　特希克·塔什（Teshik Tash）儿童头骨

整个头骨长而低，长脸，鼻孔宽，眉骨仍在发育，没有下巴。他的线粒体 DNA 得以复原，证实了其属于尼安德特人种。

卡夫 11 号是一个生活在今天的以色列距今 10 万年前的婴儿，年代比特希克·塔什婴儿更久远，但卡夫 11 号属于现代人类，是最早一批从非洲到亚洲的智人。出于某种原因，也许是由于尼安德特人所造成的人口壁垒，那次迁移浪潮并没有途经非洲往欧亚大陆拓展的走廊地带——黎凡特走廊。在去世前的几年里，这个男孩头部曾受过打击，并对大脑造成了永久性损害，而且导致发育延缓。尽管卡夫 11 号去世的时候有 12 到 13 岁，但大脑发育却跟 6 岁或 7 岁的儿童一样。研究人员海伦·科奎尼奥特（Hélène Coqueugniot）认为，从他脑部损伤的程度的来看，这个孩子很可能无法自理，人生有一半的时间都受到了照顾。他去世后，下葬时身体弯曲，双手紧贴脸部，胸前有两个鹿角，可能是被孩子握在了手中。尽管动物遗骸与人类遗体同时出现的情况总是引发讨论，但人们却普遍认为卡夫 11 号身旁的鹿角是作为陪葬品有意放置的。在同一个卡夫遗址，我们发现了另一个双人墓：卡夫 9 号（成年女性）和在她脚旁边的卡夫 10 号（一个 6 岁的男孩），两人遗体均呈弯曲状。他们会是母子吗？如果是，这个 10 万年前的墓葬或许就讲述了一个令人动容的故事，但是在复原两人的遗传物质之前，这一点还不能完全肯定。

阿穆德 7 号的情况与卡夫 11 号孩子相似，这是一个 8 到 10 个月大的婴儿，生活年代可追溯到 5 万至 7 万年前。在他的骨盆骨骼上发现了一个鹿颚。另外，在德德里耶（Dederiyeh）洞穴（叙利亚）中里也发现了两个婴儿（大约 2 岁）。其中，最完整的那具遗骸

（德德里耶 1 号）在发现的时候，胳膊是展开的，双腿弯曲，头部上方有一块矩形石块，心脏部位附近有一块三角形的石器，身体旁边另外还有一些石片。阿穆德 7 号和在德德里耶发现的骨骼都是尼安德特儿童。

　　沙尼达尔 4 号的案例能够说明在解读墓葬时需要十分谨慎小心，根据墓葬推断某些行为存在着一定的风险。我们还记得在前一章中曾提到过，沙尼达尔 1 号为了存活应该是受到了关照。在同一洞穴中发现的另一个个体，编号为 4 号，身体周围的地面上残留了大量花粉。这些花粉来自八种不同的植物，其中七种具有药用价值。拉尔夫·索雷基（Ralph Solecki）从这一点判断这个尼安德特人是与多种鲜花一同埋葬的，并指出尼安德特人已经"完全具备了人类的感受"。但在 30 年以后，杰弗里·索默（Jeffrey Sommer）又重新解释了花粉出现的原因。他认为花粉是在啮齿动物翻动土壤过程中被运送至此的。这种新提议推翻了遗体同花一起埋葬的假说。索雷基（Solecki）的假说有可能是对的，他将尼安德特人视为同人一样拥有社会行为和情感的方向也可能是正确的（此外，他的假设

与 20 世纪 60 年代的"花的力量"[1]的口号也很吻合），
但是，从沙尼达尔 4 号开始，要将墓葬与象征行为联
系在一起就需要格外谨慎。

我们还记得另一个生前需要多年照料的尼安德特
人，拉沙佩勒索–欧–赛恩茨"老人"，对其群体来说

图 7.3　国家自然科学博物馆（马德里）的
拉沙佩勒索–欧–赛恩茨 1 号墓葬的复制品

1　"花的力量"是 20 世纪 60 年代末 70 年代初一个象征"非暴力"
的口号。早在 1964 年，美国总统竞选的电视广告中曾借雏菊象
征和平。随后，1965 年，金斯伯格（Ginsberg）又主张应为抗
议者提供鲜花簇，以将其分发给警察、新闻界、政界人士和观
众，相比战争，鲜花可以减少抗议活动中固有的恐惧、愤怒和
威胁，是治愈世界的一种更好的方式。——译者注

他一定是个很特别的人。他无疑也是尼安德特人墓葬的案例之一。该遗骸在发现的时候四肢弯曲，像沙尼达尔 4 号一样，骨头按照解剖学方法排列在一个人工挖掘的坟墓里，周围放着一些石器工具。

我们之前还提到过拉费拉西 1 号。这个地方是个例外。在那个时代（7 万至 5 万年前），欧洲西部的尼安德特人坟墓通常都是个体墓葬，而在拉费拉西，却在同一处墓穴中发现了两个成年人和六个未成年人（其中包括一个腹中儿和一个新生儿），腿部和手臂也是弯曲放置的，姿势跟尼安德特人其他坟墓（如沙尼达尔 7 号）和现代人类的坟墓（如舒尔 4 号和 7 号）中遗憾地相同。

还是在法国南部，在雷古杜（Régourdou）发现了一副距今 9 万年前几乎完整的成年尼安德特人骨骼。从尤金·博尼费伊（Eugene Bonifay）最初的研究以来，这里就普遍被当作一处多人墓葬。但是，与其他坟穴相比，这一个较为特殊：墓中的身体在一大块灰岩石板下，人们认为这块石板是有意放置的。在这类墓葬中，建造墓穴所需的努力显而易见，需要选择合适的石料，然后运输，最后是安放。所以，建造墓穴似乎需要某个重要的理由，这可以体现逝者可能的社会意义。如果这是一种常见的处理方法，那么我们在那个时代的一些墓穴中应该已经发现了更多带有石板的墓葬，然而事实并非如此，带石板的墓葬是从青铜时代开始的某些文化中才开始普及开来的。雷古杜的遗骸看起来也跟其他物品有关，其中包括人工石器和棕熊骨头。这或许会让我们联想到人类其他历史时期墓葬中能看到的具有象征意义的物品，如在墓葬尸体的旁边放置武器和猎物。在古埃及，人们认为墓穴中的陪葬品是为死者来世准备的。由于缺少"及时"的原始挖掘信息，对雷古杜遗迹的解释备受争议。布鲁诺·莫雷耶（Bruno Maureille）和其他人指出尸体当时并不是按胎儿姿态摆放的（像博尼费伊所描述的那样），此外，其余部分位置看起来有变动也是因为居住在洞穴里熊的活动。

在西班牙，马德里以北 90 公里处的皮尼利亚德山谷（Pinilla del Valle）海拔 1100 米，风景秀丽。拉伊格拉陶土层（Calvero de la Higuera）中重要的尼安德特人遗址群研究就位于那里。到目前为止，这里共发现五个矿层存有遗迹，经勘察，在该地区其他陶土层也发现了有趣的迹象。我们在这里重点介绍"发现洞穴"遗址。该遗址中有一条长约 87 米的中更新世走廊，作过鬣狗窝，另外也留有大量 4.2 万—3.8 万年前上更新世时期人类的活动迹象。目前发现的人类遗骸包括 6 颗牙齿和一小块下颌骨，它们似乎属于同一名尼安德特幼儿，大约 2—5 岁，大家起了一个昵称叫

"罗索娅小女孩"。这些发现的特殊性在于，人类遗骸似乎与一些样本有某些关联，这30多个样本包含小型火堆、原牛角、美洲野牛角和鹿角等；此外在遗址上方还发现了一些被去除颌骨的食草动物头骨，其中包括一只大型的草原犀牛。但这些食草动物周围并无焚烧痕迹。尽管水的冲击使一些残留物改变了位置，形成了一些疑点，但是整个遗迹群的位置、遗迹与火堆的联系、从火堆推测的该洞穴曾是定居地等种种迹象，这一切在恩里克·巴克达诺（Enrique Baquedano）和研究小组看来很可能是一种与葬礼有关的仪式或象征性行为。

依旧是在西班牙，在位于穆尔西亚（Murcia）的加贝索戈尔多的帕洛玛山洞（Sima de las Palomas del Cabezo Gordo）里发现了一具完整度为85%，年龄在16到20岁的尼安德特人女性（SP96，取名为帕洛玛Paloma）遗骸，其骨骼按解剖学顺序排列，身体呈侧位，膝盖和肘部弯曲，双手朝头部抬起。帕洛玛位于一些岩石的下方，却在一个孩子的遗骸上方（SP97，不知道是不是她的儿子）。孩子的遗骸同样按照解剖学顺序排列。在孩子的附近发现了两条豹子腿。两人的头都朝向同一侧。迈克尔·沃克（Michael Walker）和研究小组猜测这些遗体在5万年前是被有意这样放置的。无法确定的是那些岩石是其他人投掷上去的，还是在天灾中遗体与压在他们身上的石块同步滑落而致。

墓葬的财富

到了旧石器时代晚期，墓葬的形式变得更加丰富，常常伴有篝火和陪葬品，其中还出现了许多家具艺术的元素。我们也发现了大量的多人墓葬。佩蒂特定义的"现代殡葬阶段"开始发展起来。

大约在 3 万年前，在俄罗斯的松希尔（Sunghir）举办了一场使人震惊的葬礼：一个坟墓中埋葬了十个男人和女人，其中包括两个孩子，头挨着头，还有数以千计的祭品：1 万颗猛犸象牙珠、手镯、打孔的狐狸牙齿、16 只猛犸象牙长矛、雕刻品、鹿角、两根人骨……这些孩子的遗骸在"生物学上很不寻常"。他们都经历过反复且漫长的发育突变。年龄较大的孩子（大约 12 岁）在脸中部位置出现现代人罕见的颌凸现象，他的牙齿几乎没有什么磨损，就好像一生都在吃煮好的柔软食物。而年龄较小的那个孩子（大约 10 岁），骨骼健壮，股骨异常短而弯。这些人的死因尚不确定，但研究人员指出，他们的死因应该与身体的异常状态有关联。

另一个有趣的案例发生在 1.85 万年前，一个年龄在 30 至 40 岁的健康女性以一种特殊的方式被埋葬在坎塔布里亚（西班牙）的埃尔米隆洞穴（la Cueva El Mirón）里。身体上面盖着一块极为闪亮的赭石，这块赭石来自 26 公里以外的一个地方，前面有一块坍塌的石块，石块上刻有与墓葬同时代的线性图形。目前已经从中解读出了有代表一只手和一个三角形耻骨的图形。在支离破碎的身体遗骸中，找出了好几根长骨和头骨（留下的部分没有下颚），尸体的其他部分又被赭石、沉积物和石头所覆盖。同样在埋葬遗体的区域，还发现了大量的藜科亚科植物花粉残余物，该植物能开出小白花或小黄花，另外也有药用价值。但是我们已经知道，从沙尼达尔 4 号开始，我们需要谨慎解释墓穴中出现的花粉。我们姑且认为，一个特别的人在被族人埋葬的时候这些都是特意为其准备的仪式。

大约在 1.15 万年前，在罗米托（Romito，意大利卡拉贝里亚）洞穴中埋葬了六具尸体。其中有一个（罗姆 2 号）年龄在 17—20 岁的年轻人，身患侏儒症，身高约 1.1 米。他还算长寿，这证明了逝者在生前受到了照顾，在去世之后也依然得到了特殊的关照。他与另一个年龄在 25—30 岁的女性（罗姆 1 号）埋葬在一起，男人的胳膊搭在女人身上，男人身上还放置了两只野牛角。

在本章中，我们讨论了好几个案例，案例里的一些人——尼安德特人和智人——因为某种原因在生活中受到了特殊照顾，去世后以一种独特的方式和有象征意义的物品埋葬在一起。这类告别仪式在旧石器时代晚期以及后旧石器时代逐步随着世界各地不同文化发展出新的形式，殡葬活动也慢慢扩展开来。例如，被认为是历史上第一个神庙的哥贝克力石阵（Göbekli Tepe，土耳其），是 1.2 万年前由狩猎采集者在最早的定居迹象出现之前就建造了，神庙柱子上雕刻着野牛、野猪、狐狸、蝎子、蛇和猫等动物。寺庙的一块大石头上还雕刻了一个场景：一只秃鹰用翅膀捧着一颗人头，站在一具无头尸体上。将尸体移交给秃鹰是一种非常古老的仪式，加泰土丘（Çatalhöyuk）遗址（公元前 6500—前 5000 年）的石板上有所记载，今天在某些村庄中依然存在。

最后，全新世时期又陆续出现了一些其他的现代尸体处理方式，例如焚烧和古代墓地，即群葬区，先是出现在中东地区，随着新石器时代的发展又扩展到了欧洲和亚洲。在越南的曼巴克（Man Bac）遗址中，有一处大约 4000 年前的墓地，里面埋葬了 90 多具遗体。其中有一个男子（编号 M9），在 12 岁至 14 岁时就四肢瘫痪了，他活到了 30 岁，在那个时代算正常寿命。这个例子表明他在生活的方方面面都受到了同伴日复一日地照料。洛娜·蒂里（Lorna Tilley）和马克·奥克森纳姆（Marc Oxenham）尤其提到了他继续参与社交活动时感受到的强烈情感和心理负担。

由此可见，人类好像自古以来就"不厌其烦"地将群体里一些人的遗体存放起来。我们永远也不会知道他们选择了哪些人，又为什么选择这些人。不过，我们在不同人类群体和极其遥远的地方慢慢发现了这种行为：从伊比利亚半岛到西欧和北欧的各个地方，再到南部非洲和中东地区。许多墓葬看起来都有对死者表示陪伴的告别仪式，如果死者是孩子，则更加用心。这些哀悼与纪念活动证明了生者与死者之间存留的一种良好的关系。

　　他们这么做的原因，与一个与他们有着密切亲缘关系的当代物种也这样做的原因，或许是同一个。这个物种也有那种罕见的行为，即对死者的关怀。这种行为看起来荒唐又不切实际。为什么在飞机失事或渔船沉没（或一个孩子掉入 100 米深的井中）后，我们所有人无一例外地都清楚，无论付出什么代价，我们都必须找回尸体？为什么我们明明知道他们已经死了，却依然还要和他们关联在一起呢？答案也许就是我们生前如此相爱，死后也要继续彼此关爱，我们要把生者的爱传递给死者。按照达尔文的说法，这就是感同身受，是人与人之间特殊的关爱。[伊格纳西奥·马丁内斯·门迪扎巴尔（Ignacio Martínez Mendizábal）]

第八章

同理心是人类所独有的吗？

黑猩猩、人类、协作与暴力

黑猩猩和我们人类拥有着共同的祖先（LCA，Last Common Ancestor），生活在 700 万到 600 万年前的非洲。我们在第二章认识了两个人类群体，也就是沙赫人和千禧人，他们生活的时代与这个共同祖先十分接近。从那个时候开始，黑猩猩和人类便各自走上了自己的进化之路，在不同的适应过程中变得越来越不同。但在生理结构和行为模式上，我们还是保留了一定的相似性。黑猩猩的饲养员与它们之间会培养相互关怜的情感。当我们参观动物园的时候，停下来看一只平静的黑猩猩时，要解读它的一个眼神或是一些动作会相对比较容易，因为我们觉得很熟悉。我们想要在黑猩猩身上寻找人类的影子。另一方面，专家们提出并研究黑猩猩的动物行为学（研究动物的行为）特点，涉及地域习俗、部落、等级、性别等方面。琼丝（Joan Silk）从利他主义角度分析了黑猩猩和其他灵长目动物的社会行为。根据她的研究，黑猩猩之间协作的方式多种多样，不同作者还将这些方式逐一列成清单，但是这些清单相似度很高，也不是很全面。相反，人类的利他主义能力特殊而广泛：人类社会的利他主义协作比在黑猩猩的社会扮演着更加重要的角色。通过对"狩猎—采集型"人类社会进行的研究，总结出了一份很长的协作性行为清单，涉及的范围很广泛，远远超出了每日一起生活的个体间的协作。

　　我们在本书中已经看到了所有人类种族在各自群体内部合作行为的发展和演变。但是，我们还不清楚群体间交际的行为规则。绝对隔离和地理屏障使基因交换变得困难重重，气候变化则促成了人类原始群体体的扩张、缩减和消亡。如果我们用现在的灵长目动物进行比较分析，那么在早期人类群体社会，群体间的相遇很可能会引发领地纷争，激起防御态度。在什么情形下会出现暴力行为呢？社会联系很可能是在进化之路的末期才出现的，我们这个群体更是如此。考古研究已经证明人类族系一直都保持着比较小的规模（我们目前看到的群体规模都在 15 至 25 人之间）。

　　几十年前，史前时期经常被描述成一个人际暴力多发的时期。在第六章中，我们同样也看到了将尼安德特人错误地刻画成野蛮人的情况，这些都助长了上述误解。这也给雷蒙德·达特（Raymond Dart）提出

"杀手猿"假说提供了依据，他是好几个早期非洲南部古猿样本的发现者。达特将洞穴沉积物中羚羊和南方古猿的断骨解释为暴力行为的痕迹，在他看来，战斗、暴力和肉食性是人类进化的动力。这个假说被作家罗伯特·阿德雷（Robert Ardrey）进一步推广，还启发了斯坦利·库布里克（Stanley Kubrick）创作出电影《2001：太空漫游》著名的开幕场景。从那个时候起，许多作者便开始质疑"暴力祖先"模型的普遍性（罗素·塔特尔，约翰·霍根，雷蒙德·科比，仅举几例），因为化石记录中没有证据证明这是他们的常规行为。近年来，理查德·朗厄姆（Richard Wrangham）探讨了一个矛盾的问题：人类是相对温顺的生物，与此同时，我们也保留了实施可怕暴力行为的能力。人类的温顺性已经用"自我驯化"假设来解释了：在某些动物物种中，进化过程有利于保留青年特征并减少了可能与攻击行为有关的形态结构发育。这可以解释为什么倭黑猩猩（Pan paniscus）与普通黑猩猩（Pan troglodytes）有很大的不同。普通黑猩猩具有侵略性，能杀死其他同龄个体甚至幼儿，形成具有明显个体和性别等级的群体。相反，倭黑猩猩宽容一些，在他们的群体中等级制度并不是那么重要，他们能够平和地分享食物，分配幼儿和伴侣。而倭黑猩猩身体的某些构成比例与普通亚成体黑猩猩一致。同理，现在的狗也比他们的祖先狼要小，头部更圆，嘴部更短，而且行为温顺。在现代人类中，这一过程主要体现在脸部更加纤细，獠牙减小，眼眶上部的区域没有那么肿胀。根据埃米利亚诺·布鲁纳（Emiliano Bruner）的观点，这些特征也促进了群体的合作性行为和社会化进程。自我驯化也许是我们物种社会化的动因，我们的自我驯化比所有其他人类物种都显著，但是也不能就此推断之前的物种比我们更加暴力。我们在第五章中介绍了中更新世时期人类受伤的案例，尼安德特人的生活也不容易。2018 年，朱迪思·拜尔（Judith Beier）等学者对 200 多具遗骸进行了研究，让我们了解到尼安德特人也遭受了与上更新世的现代人类似的创伤。这也让另一个古老的观点备受质疑：尼安德特人的伤是他们"肉搏"狩猎造成的（我们可能还记得某些画作，作品里一个尼安德特人骑在猛犸象背上，其他人则从地上向猛犸象投掷长矛），而现代人在远距离狩猎方面有更好的技术。至少这点区别就体现得不太清楚，不过，这两个群体遭遇危险的风险都很高。正如我们在第六章所见到的那样，将创伤认为是人为暴力所致的解释在逐渐减少，主要原因还是生活条件艰苦。实际上，对伤者的治疗行为正向我们展现着关怀和同情。最后，还有一些族群间战斗的设想（《尼安德特人与克罗马农人之间的战争》），多算是文学片段了。

另一方面，同伴死亡引发的感触也并非人类独有。根据马克·贝科夫（Marc Bekoff）的说法，会因同类死亡而感到难过的动物包括大象、狗、猫、各种灵长类动物、喜鹊和羊驼等。但是，感到难过和理解悲痛是两种不同的表现。回想一下第七章中对"必然死亡"意识的思考。原始人类群体的这种意识出现在中更新世的某个时段。这种认知上的飞跃也与照顾同伴的健康有关系，这种照顾从特定行为转变成了人类日常生活的一部分，情感使然，成为一种生活常态，而非功利性行为。巴勃罗·埃雷罗斯（Pablo Herreros）对此曾描述如下：

> 同理心，是一种换位思考的能力，在数百万年前就已经出现了。从那时起，我们所在的这支群体就变得与众不同了。正因为这种令人惊叹的能力，与其他个体之间的人际互动才得以改善。除了教育和哺育，健康也为同理心的存在创造了有利环境。例如，黑猩猩帮助同伴疗伤，大象试图抬起昏迷的同伴，海豚也会推着因生病而无法游行的同伴探出海面呼吸。但在人类社会中，我们对社会成员的健康达到了极度关切的程度：我们建设医院，通过税收积攒资源，研究治疗办

法，设计救护车将患者迅速送到急诊室；最
为重要的是，还有训练有素的人员专门照顾
他人。

不重要物品的重要性

有一个方面明显地反映了我们象征思维能力的发
展：没有明显功能价值的物品。通常，这一点只有在我
们的智人中能被发现。在马卡潘斯盖（Makapansgat）
出土了一个拥有 300 万年历史的圆形石块，石块上的
自然特征及孔洞使其看起来像张人脸。由于这块石头
发现地距离原产地很远，并且与非洲古猿的遗迹有关
联，因此有时被解释为一件有特殊意义的物品，可能
一个南方古猿发现这块石头的象征特点（像张脸），于
是就把它留下了。但这种说法将象征性思想与太早的
原始人类群体联系起来，我们目前还无法确认这些原
始人类有没有制造工具的能力，所以这种解读尚待讨
论。再后来，我们发现了两尊小型人物塑像，一个出
自坦坦（Tan-Tan，摩洛哥），6 厘米高，有 30 万至 50
万年历史；另一个出自雷卡特·拉姆（Berekhat Ram，
以色列），高 3.5 厘米，距今 23 万至 28 万年。解读塑
像信息很困难，尽管上面有些加工的痕迹，但石头外
形主要还是天然形成的。坦坦的塑像是跟阿舍利时期

的物品一同被发现的，同批还有许多其他工具，因此它或许只是用来打磨工具的一块普普通通的石头，这也恰好解释了上面的痕迹。至于雷卡特·拉姆的那块石头，史蒂文·米特恩（Steven Mithen）表示："这块石头与女性形态极其相似，不过纯属巧合。这就好像我们偶尔会在云层里或月亮上发现形似面孔的影像；其实只存在于观察者眼中。"不过，与南方古猿不同，我们在中更新世原始人类群体身上的确发现了一些象征思维。前尼安德特人将一些尸体和双刃神剑安放在西玛遗骸洞穴里，纳莱迪人把一些尸体运到了新星洞穴深处，直立人于至少 50 万年前在爪哇岛上用蛤壳做底来雕刻之字形几何花纹。经过对这个雕刻品的研究，人们发现它是一个人用右手在一个新鲜贝壳上单描完成的，很可能用的是鲨鱼牙齿。工匠必须牢牢握住贝壳和工具来调整线条的方向。雕刻的行为和打开蛤蜊的方式都表明了制作者具备高超技艺，有很强的认知能力和神经运动控制力，难度与制造阿舍利双面石器不相上下。

尽管上述拟人俑的起源还有争议，但在 20 万至 10 万年前，尼安德特人和现代人类已经开始制造明显不太实用的物品，例如，用数公里外的穿孔贝壳制成的装饰品；距今不到 10 万年以前，人们开始制造其他有美学价值的作品，并在宏伟的石壁艺术和家具艺术

中达到创造巅峰。因为我们人类与物质世界有着独特
而唯一的联系，所以我们会赋予作品以情感。这些物
品可以帮助我们回忆过去，观想未来。霍斯特·斯特
利斯（Horst Steklis）和理查德·莱恩（Richard Lane）
强调，其他灵长动物能够记忆事件，但是只有人类才
能将事件与感受到的情愫联系起来。这些物品有助于
重温记忆和影像。在古代，制作那些独特的物品需要
长达几个小时（或几天）的时间。因此，这种重视物
品的行为可能来自远古时代，也可能与阿舍利双面石
器的锻造有关。如潘妮·斯皮金斯（Penny Spikins）
所说，这些石器制作精细，形态精美。

马德里地区考古博物馆里展出了一个又大又重的
双侧对称双面石器（长 30 厘米，重 3.6 千克），年代
可追溯至 170 万年前，来自奥杜威峡谷（坦桑尼亚），
是用从远处运来的玄武岩大石块或大石条制成。这件
物品与在那里出土的其他物品很不一样。曼努埃尔·多
明格斯（Manuel Domínguez）和恩里克·巴克达诺带
领的团队把这个双面石器解读为"一件做工极美、技
术高超的奇物；一座对称性等纯粹的人类概念出现过
程中的里程碑，超越了单纯的功能性，具有神经美学
的意义"。

图 8.1　于 FLK 西侧矿层（坦桑尼亚奥杜威峡谷）第 6 层上发现的大型阿舍利玄武岩双面石器（30 厘米，3.6 千克）。现藏于马德里地区考古博物馆

　　伦敦自然历史博物馆收藏了另外一件 30 万年前阿舍利时期的大型石器，该石器出土于弗兹·普拉特（Fuerze Platt，英国），与奥杜威石器有相似的特点：长约 40 厘米，重 3.5 千克，所以，研究员德里克·霍奇森等（Derek Hodgson）认为这件石器并不具备实用性，而是带有象征意义，例如，用来展示制造者能够制作完美对称物品的能力。斯皮金斯提出将人们对这些器物投入的关注与他们照顾同类的证据联系起来分析，作为我们祖先当时爆发式发展的系列认知能力的一部分。哺乳动物照顾、保护幼小，并因此感觉良好。毫无疑问，做这些事情时分泌的催产素有助于这种感受的产生。在黑猩猩或母鲸丧子时，也会出现这类行为情绪，它们会连续好几天感到悲伤。弗朗斯·德瓦尔（Frans de Waal）记录了许多对黑猩猩和其他具有同情心的灵长类动物的观察结果：它们彼此帮助，相互安慰。他强调说，人类大脑中产生情感的区域在其他物种的大脑中也能找到，只是它们的大小不同。这解释了我们在其他动物中，特别是在社交哺乳动物中也观察到了明显与情感和娱乐相关的功能。在每种哺乳动物的进化历程中，个体之间彼此相依，从而得以生存并维系群体关系，哺乳动物新皮层更厚也正反映了这一点。

　　但是，我们在其他动物中观察到的照顾行为完全不同于在考古和古人类学记录中所发现的，尤其是经过了大约 200 万年的时间后，人类在进化过程中培养出了比其他动物范围更广、程度更深的同情行为。人类的进化的开始伴随着我们在第 4 章了解到的大脑重构，特别是在与高级认知相关的区域。尽管其他动物在那个时候也表现出互助行为，在必要情况下提供援助或保护（尽管类似情况下的反应并不总是相同），但人类已经建立起了大规模提供这种照顾的社会结构（不互助甚至无法想象），就像人们照顾肯尼亚那位罹患维生素过多症的匠人那样。一群黑猩猩也许会抛下一个受伤或生病的个体，但人类会为了保证最弱势的个体不掉队来安排该群体的生活，就像阿塔普尔卡（Atapuerca）的原始人类为了本杰米娜（Benjamina）所做的事一样。其他动物会因幼崽夭折而感到难过，我们却远不止于此，并且人类是唯一不因实用或功能目的而举办殉葬活动的群体，在这些活动中，我们还留下了自己强大创造力的证明，在墓葬中留存了珍贵的家具艺术和器物，并为其赋予其他仪式特征，就像尼安德特人和早期现代人类所做的那样。

插图

除下列图片外，本书所有插图版权归作者罗伯特·萨埃斯所有：

图2.3　左图出自：120（2007），露西骸骨（AL 288 -1）阿法南方古猿，现藏于巴黎国家自然历史博物馆，图片出自es.wikipedia.org/wiki/Lucy#/media/File:Lucy_blackbg.jpg（许可号 CC BY 2.5）

图3.3　左图修改自：麦克·皮尔（Mike Peel）摄影，www.mikepeel.net（2012），图尔卡纳男孩，160万年前的骨架，在肯尼亚特恩卡纳湖附近发现。现藏于纽约美国自然历史博物馆，图片出自 commons.wikimedia.org/wiki/File:Turkana_Boy_at_the_American_Museum_of_Natural_History.jpg（许可号 CC-BY-SA-4.0）

参考文献

第一章和第八章

[1] Beier J. et al. (2018). Similar cranial trauma prevalence among Neanderthals and Upper Palaeolithic modern humans. Nature volume 563, pages 686–690.

[2] De Waal F. (2007). El mono que llevamos dentro. Editorial Tusquets.

[3] Hodgson D. (2011). The First Appearance of Symmetry in the Human Lineage: Where Perception Meets Art. Symmetry, 3, 37–53.

[4] Hublin J-J. (2009). The prehistory of compassion. PNAS vol. 106 no. 16 6429–6430.

[5] Kissel M. and Kim N. C. (2018). The emergence of human warfare: Current perspectives. Am J Phys Anthropol. 2018;1–23.

[6] Madison P. (2017) Who first buried the dead? Aeon Essays. Recuperado de: aeon.co/essays/why-we-should-bury-the-idea-that-human-rituals-are-unique.

[7] Marechal P. (2009). Selección de grupo y altruismo: el origen del debate. Scientiae Studia vol.7 no.3 São Paulo.

[8] Oxenham M. F. et al. (2009). Paralysis and severe

disability requiring intensive care in Neolithic Asia. Anthropological Science vol. 117(2), 107–112.

[9] Sáez R. (2016). El árbol filogenético humano y sus cambios. Nutcracker Man. Recuperado de:nutcrackerman. com/2016/09/27/el-arbol-filogenetico-humano-y-sus-cambios/.

[10]Silk J. (2017). Origin Stories - Episode 22: Altruism. Origin Stories. The Leakey Foundation Podcast. RadioPublic. Recuperado de: radiopublic.com/origin-stories-6VPVbG/ ep/s1!9dbb0.

[11]Tomasello M. (2009). Why we cooperate. The MIT Press.

[12]Spikins P. (2015). How Compassion Made Us Human. The Evolutionary Origins of Tenderness, Trust & Morality. Pen & Sword Archaeology.

[13]Spikins P. et al. (2018) Calculated or caring? Neanderthal healthcare in social context. World Archaeology.

[14]Tilley L., Cameron T. (2014). Introducing the Index of Care. International Journal of Paleopathology 6:5–9.

[15]Tilley L. (2015). Theory and Practice in the Bioarchae-ology of Care. Springer.

[16]Wrangham R. (2019). The Goodness Paradox. How Evolution Made Us Both More and Less Violent. Profile Books.

第二章和第三章

[1] Aguirre E. (2008). Registros fósiles sobre la evolución humana en el Plioceno. Rev. Real Academia de Ciencias Exactas, Físicas y Naturales (Esp) Vol. 102, N°. 1, pp 185–199.

[2] Baab K. L. (2018). Evolvability and craniofacial diversification in genus Homo. Evolution 72–12: 2781–2791.

[3] Braun D. R. et al. (2010). Early hominin diet included diverse terrestrial and aquatic animals 1.95 Ma in East Turkana, Kenya. PNAS 107 (22) 10002–10007.

[4] Brown P. (2011). Sangiran Java Homo erectus fossils. Recuperado de: peterbrown-palaeoanthropology.net/Sangiran.html.

[5] De la Torre I. (2016). The origins of the Acheulean: past and present perspectives on a major transition in human evolution. Phil. Trans. R. Soc. B 371: 20150245.

[6] Dolan S. G. (2011). A Critical Examination of the Bone Pathology on KNM-ER 1808, a 1.6 Million Year Old Homo erectus from Koobi Fora, Kenya. New Mexico State University.

[7] Foley R.A., Martin L., Mirazon Lahr M., Stringer C. (2016). Major transitions inhuman evolution. Phil. Trans. R. Soc. B 371: 20150229.

[8] Hawks, J. (2019). Three Big Insights into Our African Origins. Medium. Recuperado de: medium.com/@

johnhawks/three-big-insights-into-our-african-origins-
3fa01eb5f03?sk=1d44a1e2a218a60314361ceec4af3e38R
ecently.

[9] Kappelman J. et al (2016). Perimortem fractures in Lucy
suggest mortality from fall out of tall tree. Nature.

[10]Key A. J. M., Dunmore C. J. (2018). Manual restrictions
on Palaeolithic technological behaviours. PeerJ 6:e5399.

[11]Kimbel W.H., Villmoare B. (2016). From Australopithecus
to Homo: the transition that wasn't. Phil. Trans. R. Soc.
B 371: 20150248.

[12]Philip Rightmire, G., Margvelashvili, A., Lordkipanidz,
D. (2018). Variation among the Dmanisi hominins: Multiple
taxa or one species? Am J Phys Anthropol. 2018;1–15.

[13]Reed K. E., Fleagle J. G., Leakey R. E. (2007). The
Paleobiology of Australopithecus. Springer.

[14]Robertshaw P., Rubalcaba J. (2005). The Early Human
World. Oxford University Press.

[15]Rosas A. (2015). Los primeros homininos. Paleontología
humana. Los Libros de la Catarata.

[16]Rosas A. (2016). La evolución del género 'Homo'. Los
Libros de la Catarata.

[17]Simpson S. W. (2015). Early Pleistocene Homo.
Academic Press.

[18]Tattersall I. (2007). Homo ergaster and Its Contemporaries.
Handbook of Paleoanthropology. Springer.

[19]Van Arsdale, A. P. (2013) Homo erectus - A Bigger, Smarter, Faster Hominin Lineage. Nature Education Knowledge 4(1):2

第四章

[1] Arsuaga J. L., Martín-Loeches M. (2013). El sello indeleble. Pasado, presente y futuro del ser humano. Editorial Debate.

[2] Bermúdez de Castro J. M. (2013). Un viaje por la prehistoria. Ediciones AKAL.

[3] Bruner E. (2018). La evolución del cerebro humano. Un viaje entre fósiles y primates. EMSE EDAPP.

[4] Dirks P. H. G. M. et al. (2016). Deliberate body disposal by hominins in the Dinaledi Chamber, Cradle of Humankind, South Africa? Journal of Human Evolution (2016).

[5] Goikoetxea I., Mateos A. (2011). Crecimiento y desarrollo: una perspectiva evolutive. MUNIBE (Antropología-Arkeología) n° 62 5–30.

[6] Holloway R. L., Sherwood, C. C., Hof, P. R., Rilling, J. K. (2009). Evolution of the Brain in Humans - Paleoneurology. In: Binder M.D., Hirokawa N., Windhorst U. (eds) Encyclopedia of Neuroscience. Springer, Berlin, Heidelberg.

[7] Martín-Loeches M. (2017). La evolución del cerebro.

La fascinante historia de nuestra mente. RBA Coleccionables.

[8] Martín-Loeches M., Casado P., Sel A. (2008). La evolución del cerebro en el género Homo: la neurobiología que nos hace diferentes. Neurología 2008;46(12):731–741.

[9] Rosales-Reynoso, M. A. et al. (2015). Evolución y genómica del cerebro humano. Neurología 2018;33(4):254–265.

[10]Serrano Ramos A. (2012). Patrones y tendencias en la encefalización del género Homo. Arqueología y Territorio n° 9. pp. 1–17.

[11]Stout D. (2011). Stone toolmaking and the evolution of human culture and cognition. Philosophical transactions of the Royal Society of London. Series B, Biological sciences, 366(1567), 1050–1059.

第五章

[1] Arsuaga, J. L. (2006). La saga humana: una larga historia. EDAF.

[2] Arsuaga, J. L., Martínez I. (1998). La especie elegida. Temas de hoy.

[3] Bermúdez de Castro J. M. et al. (1999). Atapuerca: Nuestros antecesores. Fundación del Patrimonio Histórico de Castilla y León.

[4] Bermúdez de Castro J. M. et al. (1997). A Hominid from the Lower Pleistocene of Atapuerca, Spain: Possible

Ancestor to Neandertals and Modern Humans. Science 276: 1392–1395.

[5] Carbonell E. et al. (2003). Did the earliest mortuary practices take place more than 350000 years ago at Atapuerca? L'anthropologie 107 (2003) 1–14.

[6] Carbonell E., Mosquera M. (2006). The emergence of a symbolic behaviour: the sepulchral pit of Sima de los Huesos, Sierra de Atapuerca, Burgos, Spain. C. R. Palevol 5 (2006) 155–160.

[7] Cuenca Bescós G. et al. (2004). Los yacimientos del Pleistoceno inferior y medio de Atapuerca. XX Jornadas de la Sociedad Española de Paleontología, Alcalá de Henares.

[8] Díez C., Moral S., Navazo M. (2009). La sierra de Atapuerca. Un viaje a nuestros orígenes. Fundación Atapuerca.

[9] Gracia A. et al. (2008). Craniosynostosis in the Middle Pleistocene human Cranium 14 from the Sima de los Huesos, Atapuerca, Spain. Proceedings of the National Academy of Sciences, April 2009.

[10] Martínez I. (2017). Amor fosilizado. Conferencia impartida por Ignacio M. Mendizábal en el IES Rosalía. Recuperado de: youtu.be/v-el4EBZb-k.

[11] Pérez P-J. et al. (1997). Paleopathological evidence of

[12] the cranial remains from the Sima de los Huesos Middle Pleistocene site (Sierra de Atapuerca, Spain). Description and preliminary inferences. Journal of

Human Evolution 33, 409–421.

[13]Poza-Rey, E. M., Gómez-Robles, A., Arsuaga, J. L. (2019). Brain size and organization in the Middle Pleistocene hominins from Sima de los Huesos. Inferences from endocranial variation. Journal of Human Evolution, 129, 67–90.

[14]Rodríguez-Hidalgo A. et al. (2017). Human predatory behavior and the social implications of communal hunting based on evidence from the TD10.2 bison bone bed at Gran Dolina (Atapuerca, Spain). Journal of Human Evolution 105:89-122.

[15]Sala N. et al. (2015). Lethal Interpersonal Violence in the Middle Pleistocene. PLoS ONE 10(5): e0126589.

第六章和第七章

[1] Arsuaga J. L. (2012). El collar del neandertal: en busca de los primeros pensadores. Temas de hoy.

[2] Arsuaga J. L. et al. (2014). Cambio de imagen. Una nueva visión de los Neandertales. Junta de Castilla y León. Consejería de Cultura. Fundación Siglo para las Artes de Castilla y León.

[3] Benito D. (2017). Historias de la Prehistoria. La Esfera de los Libros.

[4] Clarke T. (2001). Social conscience came early. Nature. Recuperado de: nature.com/news/2001/010911/full/ news010913-9.html.

[5] Coqueugniot H. et al. (2014) Earliest cranio-encephalic trauma from the Levantine Middle Palaeolithic: 3D reappraisal of the Qafzeh 11 skull, consequences of pediatric brain damage on individual life condition and social care. PLoS One. 2014 Jul 23;9(7):e102822.

[6] DeGusta D. (2003). Aubesier 11 is not evidence of Neanderthal conspecific care. Journal of Human Evolution 45 (2003) 91–94.

[7] Garralda, M. D. (2009). Neandertales y manipulación de cadáveres. Estudios de Antropología Biológica, xiv-ii: 601–628.

[8] Gómez-Olivencia, A., et al. (2018). La Ferrassie 1: New perspectives on a "classic" Neandertal. Journal of Human Evolution. 117, 13–32.

[9] Griggo C. et al. (1999). New Discovery of a Neanderthal Child Burial from the Dederiyeh Cave in Syria. Paléorient. 1999, Vol. 25 N°2. pp. 129–142.

[10]Hirst K. Kris. (2018). Qafzeh Cave, Israel: Evidence for Middle Paleolithic Burials. Recuperado de: thoughtco.com/qafzeh-cave-israel-middle-paleolithic-burials-172284.

[11]Hrdlicka A. (1939). Important Paleolithic find in Central Asia. Science vol. 90, no. 2335.

[12]Lebel S., Trinkaus E. (2002). Middle Pleistocene human remains from the Bau de l'Aubesier. Journal of Human Evolution (2002) 43, 659–685.

[13]Mallegni F., Fabbri P. F. (1995). The human skeletal remains from the upper palaeolithic burials found in Romito cave (Papasidero, Cosenza, Italy). In: Bulletins et Mémoires de la Société d'anthropologie de Paris, Nouvelle Série. Tome 7 fascicule 3-4, pp. 99–137.

[14]Maureille B. et al. (2015). Importance des données de terrain pour la compréhension d'un potentiel dépôt funéraire moustérien: le cas du squelette de Regourdou 1 (Montignac-sur-Vézère, Dordogne, France). PALEO – N° 26 – Décembre 2015 – Pages 139 à 159.

[15]Mirazón M. (2018). The not-so-dangerous lives of Neanderthals. Nature 563, 634–636.

[16]Pettitt P. (2002). The Neanderthal dead: exploring mortuary variability in Middle Palaeolithic Eurasia. Before Farming 2002/1 (4).

[17]Pettitt P. (2011). The Palaeolithic Origins of Human Burial. Routledge.

[18]Pyne L. (2017). Siete Esqueletos. Editorial Crítica.

[19]Rak Y. (1994). A Neandertal infant from Amud Cave, Israel. Journal of Human Evolution 26, 313–324.

[20]Rendu W. (2014). Evidence supporting an intentional Neandertal burial at La Chapelle-aux-Saints. Proc Natl Acad Sci U S A; 111(1): 81–86.

[21]Rivera A. (2010). Conducta simbólica. La muerte en el Musteriense y MSA. Zephyrus, LXV, enero-junio 2010, 39–63.

[22]Sáez R. (2017). ¿Quiénes son los denisovanos? Nutcracker Man. Recuperado de: nutcrackerman.com/ tag/denisovanos/

[23]Stiner M. C. (2017). Love and Death in the Stone Age: What Constitutes First Evidence of Mortuary Treatment of the Human Body? Biological Theory 12: 248.

[24]Straus L. G. et al (2015). 'The Red Lady of El Mirón Cave': Lower Magdalenian Human Burial in Cantabrian Spain. Journal of Archaeological Science Volume 60, Pages 1–138.

[25]Tilley L., Oxenham M. F. (2011). Survival against the odds: Modeling the social implications of care provision to seriously disabled individuals.

[26]International Journal of Paleopathology 1 (2011) 35–42.

[27]Trinkaus E., Buzhilova A. P. (2018). Diversity and differential disposal of the dead at Sunghir. Antiquity volume 92, issue 361, pp. 7–21.

[28]Trinkaus E., Zimmerman M. R. (1982). Trauma among the Shanidar Neandertals. American Journal of Physical Anthropology 57:61–76.

[29]Weidenreich, F. (1945). The Paleolithic child from the Teshik-Tash Cave in Southern Uzbekistan (Central Asia). American Journal of Physical Anthropology 3(2):151 – 163.

[30]Zilhão J. (2003). Burial evidence for the social differentiation of age classes in the early Upper

Paleolithic. Actes du Colloque du G.D.R. 1945 du CNRS, Paris, 8–10 janvier 2003. Liège, ERAUL 111, 2005, p. 231 à 241.

[31]Zilhão J. (2015). Lower and Middle Palaeolithic Mortuary Behaviours and the Origins of Ritual Burial. Death Rituals, Social Order and the Archaeology of Immortality in the Ancient World. 'Death Shall Have No Dominion'. Cambridge University Press.